黄北刚 编著

电动机控制电路
识图 一看就懂

彩图版
CAITUBAN

化学工业出版社
·北京·

图书在版编目（CIP）数据

电动机控制电路识图一看就懂 / 黄北刚编著 . —北京：化学工业出版社，2013. 10（2019.5重印）
ISBN 978-7-122-18450-4

Ⅰ.①电⋯　Ⅱ.①黄⋯　Ⅲ.①电动机 – 控制电路 –电路图 – 识别　Ⅳ.① TM320.12

中国版本图书馆 CIP 数据核字（2013）第 220185 号

责任编辑：高墨荣　　　　　　　　　　　　　装帧设计：王晓宇
责任校对：边　涛

出版发行：化学工业出版社（北京市东城区青年湖南街13号　邮政编码100011）
印　　装：北京缤索印刷有限公司
787mm×1092mm　1/16　印张15　字数393千字　2019年5月北京第1版第9次印刷

购书咨询：010-64518888　　售后服务：010-64518899
网　　址：http://www.cip.com.cn
凡购买本书，如有缺损质量问题，本社销售中心负责调换。

定　　价：59.00元

前言
FOREWORD

随着社会文明的高速发展和科学技术的不断进步，电工行业也得到不断发展。为了让广大有志于电工行业的初学者，在较短时间里真正学会识图和掌握电动机常用控制电路的工作原理，编者结合实际情况，编写了这本书。

本书在电动机控制电路图的基础上，将电路中所用开关设备的实物照片用线条进行连接，并且根据电路需要将导线用彩色线条区分，形成电动机控制电路的实物接线图，这是作者独创的电路图画法，一个电动机的控制电路图，对应一个实物接线图，共同来表达电动机回路接线的新形式。这种控制电路图使初学者先得到感性认识，通过立体直观的实物对照和图文并茂的电路原理表述，使读者在认识一些开关设备的同时，熟悉代表这些开关设备的文字符号和图形符号。原理图和接线图一一对照，形象直观，读者一看就懂，这是本书最大的亮点。

本书构思新颖，书中电路没有像一般图书那样按功能或按设备的种类来进行分类，而是按控制电路的元件特点进行分类的，目的是使读者通过学习电路的分析，起到举一反三、触类旁通的作用。读者可以通过阅读这本书了解到三相交流异步电动机回路开关设备的构成、电路送电操作顺序、电路工作原理，使读者受到启发。

希望这书能成为电工技术初学者喜爱的读物，如果本书能够帮助大家提高实际工作能力，使大家能更好地为经济建设服务，那么编者将十分高兴。

在本书的编写过程中，获得许多同行热情的支持与帮助，段树成、刘洁、刘涛、姚绪、张义杰、李忠仁、李辉、刘世红、李庆海、黄义峰、祝传海、杜敏、姚琴、黄义曼、姚珍、王大伟、曹辉、董博武等人进行了部分文字的录入工作，在此表示感谢。

由于编者水平有限，书中难免出现疏漏之处，诚恳读者给予批评指正，盼赐教至1227887693@qq.com、569242330@qq.com，以期再版时修改。也欢迎大家与我交流，以便共同学习和进步。我的QQ号：1227887693、569242330，我的QQ群：307492499，希望能藉此书与更多的电工朋友们交友，共同提高，同时也欢迎大家关注我的QQ空间。

声明：本书中的实物接线图是编者独创的一种电路接线方式，未经本人许可不得转载到书刊、网络中。版权所有，侵权必究。

编著者

目录
CONTENTS

第1章
常用的机械设备电气控制电路

　　当你接触到电动机电气控制电路时，就会发现电动机的控制电路有非常简单的，也有非常复杂的，电动机基本控制电路与其他机械设备的控制电路是通用的，区别回路的名称只是接触器KM或一次保护用的热继电器FR下侧负荷电缆所连接的电动机所驱动的是什么设备，如果是风机，就称为风机控制电路；如果是水泵，就称为水泵控制电路，如果是混凝土搅拌机，就称为搅拌机控制电路。

　　电动机控制与生产工艺所需要的压力、温度、速度、转速相结合，就构成了简单或复杂的控制电路，这样的电路是非常实用的。电动机控制分为主回路与控制回路（二次回路），即输入、输出回路和执行机构。简单的电动机控制电路，从接触器到启动按钮再到停止按钮的连接线只需3根；复杂的电动机控制电路则是在简单的电动机控制电路的基础上，添加若干开关和继电器，根据控制需要进行相互接线构成的，需要的保护越多，控制电路就越复杂。可以采用液位控制器、行程开关、压力控制器、电接点压力表等来实现自动控制，为了在电动机运行之外的其他位置也能知晓电动机所处的状态，还可安装信号灯作指示。总之，电动机的控制电路是根据生产工艺和现场的实际需要而进行灵活设计的。

为便于读者学习和理解将本书用到的电气图形符号、文字符号的名称或含义列于表1-1中。

表1-1　部分电气图形符号、文字符号的名称或含义

图形符号	名称或含义	文字符号	图形符号	名称或含义	文字符号
	交流三相电源	L1、L2、L3		热继电器动断触点	FR
	三相交流电器接线端子	U、V、W		指示灯 带电阻的指示灯	HL、GN（绿）、RD（红）
	中性线	N		电阻	R
	隔离开关	QS		三相交流电动机	M
	断路器	QF		电压表	PV
	熔断器	FU		电流表	PA
	接触器主动合触点	KM		双极开关	QF
	接触器辅助动断（常闭）触点 接触器辅助动合（常开）触点	KM		光字牌	GP
	动合按钮开关 动断按钮开关	SB		带动断和动合触点的按钮开关	SB
	接触器继电器线圈	KM、KT、KA……		电流互感器	TA
	接地	PE		电铃	HA
	变压器	TC		延时闭合的动合触点 延时断开的动合触点	KT
	热继电器	FR		延时闭合的动断触点	

续表

图形符号	名称或含义	文字符号	图形符号	名称或含义	文字符号
	时间继电器缓吸线圈	KT		旋钮开关	SA
	液位动断触点	SL		负荷隔离开关	QL
	液位动合触点			行程开关动断触点	LS
	脚踏动合触点	FTS		行程开关动合触点	
	脚踏动断触点			倒顺开关	TS
	急停按钮	ESB			
	压力动断触点	P			
	压力动合触点			拉线开关	SW

例 001 无过载保护、点动运转的220V控制电路

原理图见图1-1，实物接线图见图1-2。

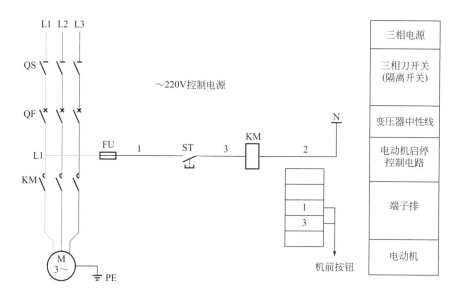

图1-1 无过载保护、点动运转的220V控制电路

电路工作原理

合上主回路中的隔离开关QS；合上主回路中的断路器QF；控制回路熔断器FU。

按下启动按钮ST，电源L1相→控制回路熔断器FU→1号线→启动按钮ST动合触点（按下时闭合）→3号线→接触器KM线圈→2号线→电源N极。形成220V的工作电压，接触器KM线圈得到220V的工作电压，其动铁芯动作，主电路中的接触器KM三个主触点同时闭合，电动机M绕组获得三相380V交流电源，电动机运转驱动机械设备工作。

手离开启动按钮ST，其动合触点断开，切断接触器KM线圈控制电路，接触器KM断电释放，三个主触点同时断开，电动机绕组脱离三相380V交流电源停止运转，机械设备停止工作。

由于交流接触器线圈的工作电压的分为380V、220V、127V、48V、36V、24V。如果使用的接触器KM线圈标注是380V、50Hz，我们在交流接触器KM线圈两端加上380V工作电源。如图1-3所示，这样的电动机控制电路，称之380V控制电路。

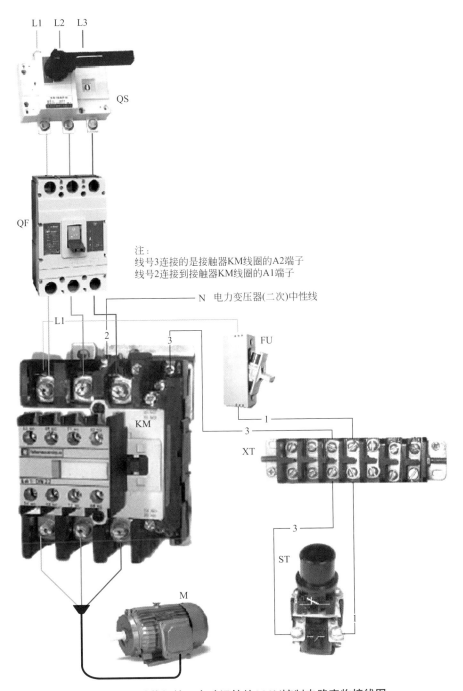

注：
线号3连接的是接触器KM线圈的A2端子
线号2连接到接触器KM线圈的A1端子

N 电力变压器(二次)中性线

图1-2 无过载保护、点动运转的220V控制电路实物接线图

例 002 无过载保护、点动运转的380V控制电路

原理图见图1-3，实物接线图见图1-4。

从电路上看，图1-3与图1-1相似，只是多了一只熔断器FU2。

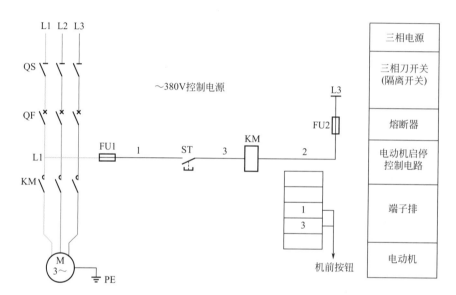

图1-3 无过载保护、点动运转的380V控制电路

 电路工作原理

按下启动按钮ST，电源L1相→控制回路熔断器FU1→1号线→启动按钮ST动合触点（按下时闭合）→3号线→接触器KM线圈→2号线→控制回路熔断器FU2→电源L3相。KM线圈两端形成380V的工作电压，接触器KM线圈得到380V的工作电压，其动铁芯动作。

主电路中的接触器KM三个主触点同时闭合，电动机M绕组获得三相380V交流电源，电动机运转驱动机械设备工作。手离开启动按钮ST，其动合触点断开，切断接触器KM线圈控制电路，接触器KM断电释放，三个主触点同时断开，电动机绕组脱离三相380V交流电源停止运转，机械设备停止工作。

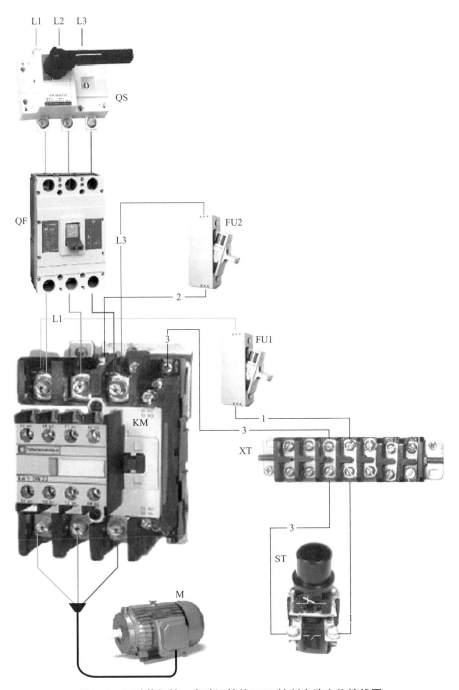

图1-4　无过载保护、点动运转的380V控制电路实物接线图

例 **003** 无过载保护、点动运转的36V控制电路

　　如果使用的接触器KM线圈标注是36V、50Hz，在交流接触器KM线圈两端加上36V工作电源。如图1-5所示，这样的电动机控制电路，称之36V控制电路，根据图1-5画出的实物接线图如图1-6所示。

　　图1-5为无过载保护、点动运转的36V控制电路，比图1-3控制电路多了一只控制变压器TC。通过变压器TC得到满足接触器KM线圈需要的36V工作电压。36V电压属于安全工作电压。

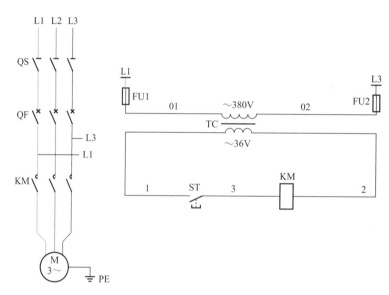

图1-5　无过载保护、点动运转的36V控制电路

 **电路工作原理**

　　合上主回路中的隔离开关QS；合上主回路中的断路器QF；合上变压器一次控制回路中的熔断器FU1、FU2，控制变压器TC投入，TC二次向电动机控制回路提供36V的工作电源，电动机启停回路得电，可以随时根据需要启停电动机。

　　按下启动按钮ST，控制变压器二次36V绕组的一端→1号线→启动按钮ST动合触点（按下时闭合）→3号线→接触器KM线圈→2号线→变压器TC绕组的另一端，接触器KM线圈形成36V的工作电压，接触器KM线圈得到36V的电压动作，主电路中的接触器KM三个主触点同时闭合，电动机M绕组获得三相380V交流电源，电动机运转驱动机械设备工作。

　　手离开启动按钮ST，其动合触点断开，切断接触器KM线圈控制电路，接触器KM断电释放，三个主触点同时断开，电动机绕组脱离三相380V交流电源停止运转，机械设备停止工作。

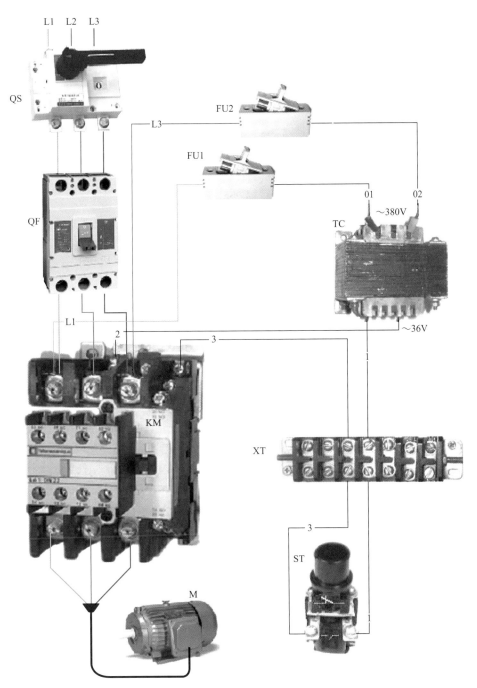

图1-6 无过载保护、点动运转的36V控制电路实物接线图

例 004 过载保护、有电源信号灯、点动运转的220V控制电路

原理图见图1-7，实物接线图见图1-8。

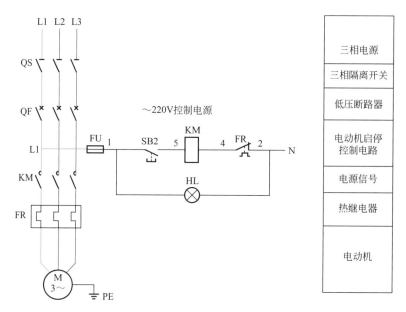

图1-7　过载保护、有电源信号灯、点动运转的220V控制电路

电路工作原理

合上主回路开关，合上控制回路熔断器FU，信号灯HL得电亮灯，表示回路已送电。

按下启动按钮SB2，电源L1相→控制回路熔断器FU→1号线→启动按钮SB2动合触点（按下时闭合）→5号线→接触器KM线圈→4号线→热继电器FR动断触点→2号线→电源N极。形成220的工作电压，接触器KM线圈得到220V的工作电压动作，主电路中的接触器KM三个主触点同时闭合，电动机M绕组获得三相380V交流电源，电动机运转驱动机械设备工作。

手离开启动按钮ST，其动合触点断开，切断接触器KM线圈控制电路，接触器KM断电释放，三个主触点同时断开，电动机绕组脱离三相380V交流电源停止运转，机械设备停止工作。

电动机发生过负荷运行时，主电路中的热继电器FR动作，串接于接触器KM线圈控制回路中的热继电器FR动断触点断开，接触器KM线圈电路断电，接触器KM三个主触点同时断开，电动机断电停转，机械设备停止工作。

热继电器FR的额定电流的确定：

电路中的热继电器FR的发热元件是串入主电路中的，电动机的启动时间在6S内的机械设备，选择的热继电器FR额定电流，应按电动机额定电流的0.95 ~ 1.05倍确定。

即：热继电器FR额定电流 = 电动机额定电流 × （0.95 ~ 1.05）。

　　例如：电动机额定电流为36A，热继电器FR额定电流可选择36A。如果热继电器FR电流是可调节式的，可以根据热继电器的电流调节范围进行选择，热继电器电流调节范围中有接近36A的就可以，如调节范围：28 ~ 36 ~ 45A。

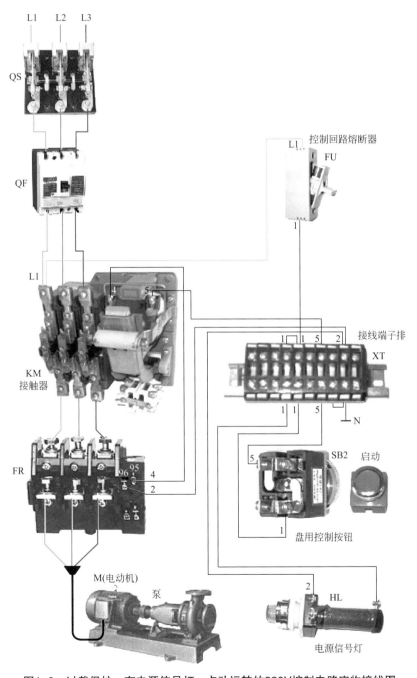

图1-8　过载保护、有电源信号灯、点动运转的220V控制电路实物接线图

例 005 无过载保护、按钮启停的220V控制电路

原理图见图1-9，实物接线图见图1-10。本电路是应用比较多的、也是常见的电动机控制电路。但这样的电路过负荷时，非常容易造成电动机绕组的烧毁。

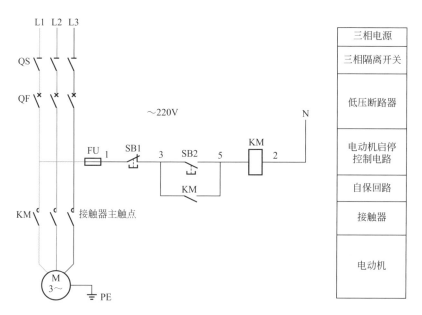

图1-9　无过载保护、按钮启停的220V控制电路

 **电路工作原理**

合上主回路中的隔离开关QS；合上主回路中的断路器QF；合上控制回路中的熔断器FU。

按下启动按钮SB2，电源L1相→控制回路熔断器FU→1号线→停止按钮SB1动断触点→3号线→启动按钮SB2动合触点（按下时闭合）→5号线→接触器KM线圈→2号线→电源N极。形成220V的工作电压，接触器KM线圈得到220V的电压动作，KM的动合触点闭合自保。主电路中的接触器KM三个主触点同时闭合，电动机M绕组获得三相380V交流电源，电动机运转驱动机械设备工作。

按下停止按钮SB1、其动断触点断开，切断接触器KM线圈控制电路，接触器KM断电释放，三个主触点同时断开，电动机绕组脱离三相380V交流电源停止运转，机械设备停止工作。

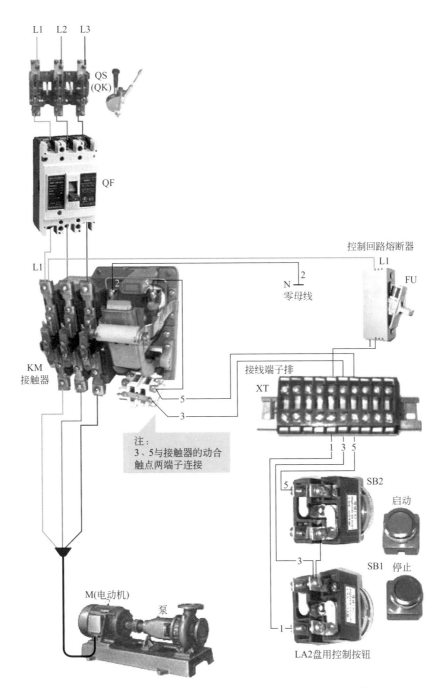

图1-10 无过载保护、按钮启停的220V控制电路实物接线图

例 **006** **过载保护、按钮启停的380V控制电路**

原理图见图1-11，实物接线图见图1-12。应用是比较多的，也是常见的电动机控制电路。电路中安装了热继电器，能够起到对电动机的过负荷保护作用。

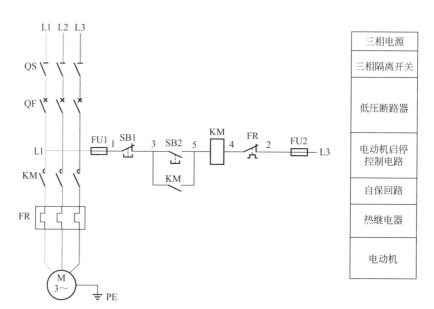

图1-11 过载保护、按钮启停的380V控制电路

合上主回路中的隔离开关QS；合上主回路中的断路器QF；合上控制回路中的熔断器FU1、FU2。

按下启动按钮SB2，电源L1相→控制回路熔断器FU1→1号线→停止按钮SB1动断触点→3号线→启动按钮SB2动合触点（按下时闭合）→5号线→接触器KM线圈→4号线→热继电器FR动断触点→2号线→控制回路熔断器FU2→电源L3相。线圈两端形成380V的工作电压，接触器KM线圈得到380V的电压动作，KM的动合触点闭合自保。主电路中的接触器KM三个主触点同时闭合，电动机M绕组获得三相380V交流电源，电动机运转驱动机械设备工作。

电源L1相→控制回路熔断器FU1→1号线→停止按钮SB1动断触点→3号线→闭合的接触器KM动合触点→5号线→接触器KM线圈→4号线→热继电器FR动断触点→2号线→控制回路熔断器FU2→电源L3相。通过这个KM动合触点，而使之KM线圈两端形成380V的工作电压，将接触器KM维持在工作状态。

按下停止按钮SB1动断触点断开，切断接触器KM线圈控制电路，接触器KM断电释放，三个主触点同时断开，电动机绕组脱离三相380V交流电源停止运转，机械设备停止工作。

电动机发生过负荷运行时，主电路中的热继电器FR动作，串接于接触器KM线圈控制回路中的热继电器FR动断触点断开，接触器KM线圈电路断电，接触器KM三个主触点同时断开，电动机断电停转，机械设备停止工作。

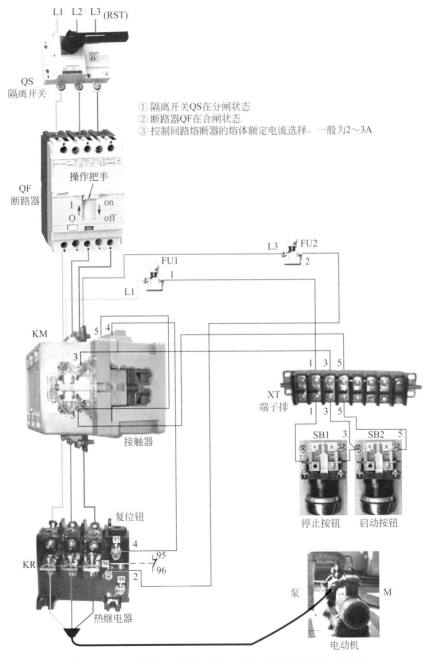

图1-12 过载保护、按钮启停的380V控制电路实物接线图

例 007 过载保护、按钮启停、有电源信号灯的220V控制电路

原理图见图1-13，实物接线图见图1-14。

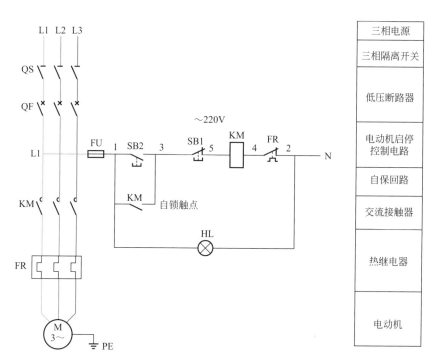

图1-13 过载保护、按钮启停、有电源信号灯的220V控制电路

电路工作原理

合上主回路中的隔离开关QS；合上主回路中的断路器QF；合上控制回路中的熔断器FU；信号灯HL亮灯，表示电动机处于热备用状态。

按下启动按钮SB2，电源L1相→控制回路熔断器FU→1号线→启动按钮SB2动合触点（按下时闭合）→3号线→停止按钮SB1动断触点→5号线→接触器KM线圈→4号线→热继电器FR动断触点→2号线→电源N极，形成220V的工作电压，接触器KM线圈得到220V的电压动作，KM的动合触点闭合自保。

主电路中的接触器KM三个主触点同时闭合，电动机M绕组获得三相380V交流电源，电动机运转驱动机械设备工作。

　　按下停止按钮SB1，其动断触点断开，切断接触器KM线圈控制电路，接触器KM断电释放，三个主触点同时断开，电动机绕组脱离三相380V交流电源停止运转，机械设备停止工作。

　　电动机发生过负荷运行时，主电路中的热继电器FR动作，串接于接触器KM线圈控制回路中的热继电器FR动断触点断开，接触器KM线圈电路断电，接触器KM三个主触点同时断开，电动机断电停转，机械设备停止工作。

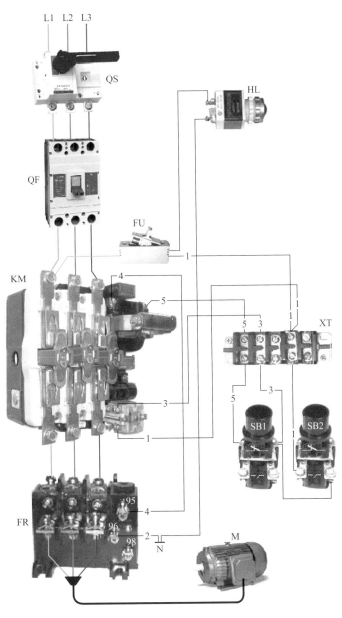

图1-14　过载保护、按钮启停、有电源信号灯的220V控制电路实物接线图

例 008 按钮启停的有电源信号灯的220V控制电路

原理图见图1-15，实物接线图见图1-16。

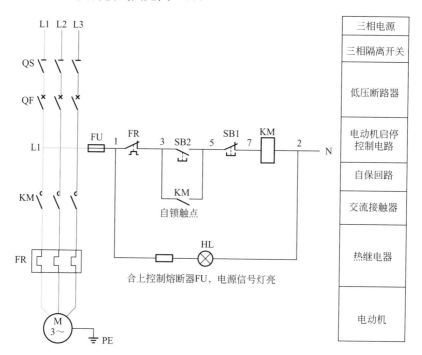

图1-15 按钮启停的有电源信号灯的220V控制电路

电路工作原理

合上主回路中的隔离开关QS；合上主回路中的断路器QF；合上控制回路中的熔断器FU。信号灯HL得电，亮灯表示回路送电。

按下启动按钮SB2，电源L1相→控制回路熔断器FU→1号线→热继电器FR动断触点→3号线→启动按钮SB2动合触点（按下时闭合）→5号线→停止按钮SB1动断触点→7号线→接触器KM线圈→2号线→电源N极。形成220V的工作电压，接触器KM线圈得到220V的电压动作，KM的动合触点闭合自保。主电路中的接触器KM三个主触点同时闭合，电动机M绕组获得三相380V交流电源，电动机运转驱动机械设备工作。

按下停止按钮SB1，其动断触点断开，切断接触器KM线圈控制电路，接触器KM断电释放，三个主触点同时断开，电动机绕组脱离三相380V交流电源停止运转，机械设备停止工作。

电动机发生过负荷运行时，主电路中的热继电器FR动作，串接于接触器KM线圈控制回路中的热继电器FR动断触点断开，接触器KM线圈电路断电，接触器KM三个主触点同时断开，电动机断电停转，机械设备停止工作。

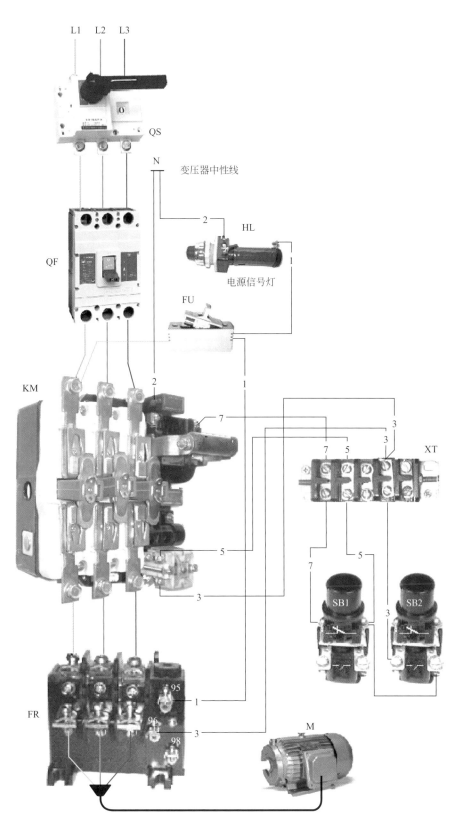

图1-16 按钮启停的有电源信号灯的220V控制电路实物接线图

例 009 过载保护、有状态信号灯、按钮启停的220V控制电路

原理图见图1-17，实物接线图见图1-18。

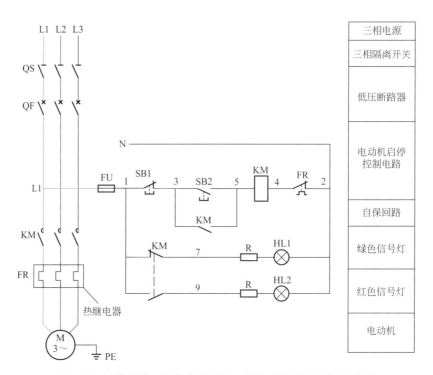

图1-17　过载保护、有状态信号灯、按钮启停的220V控制电路

电路工作原理

合上主回路中的隔离开关QS；合上主回路中的断路器QF；合上控制回路中的熔断器FU。

电源L1相→控制回路熔断器FU→1号线→接触器KM动断触点→7号线→信号灯HL1→2号线→电源N极。信号灯HL1得电,亮灯表示电动机热备用状态。

按下启动按钮SB2,电源L1相→控制回路熔断器FU→1号线→停止按钮SB1动断触点→3号线→启动按钮SB2动合触点（按下时闭合）→5号线→接触器KM线圈→4号线→热继电器FR动断触点→2号线→电源N极。形成220V的工作电压,接触器KM线圈得到220V的电压动作,KM的动合触点闭合自保。主电路中的接触器KM三个主触点同时闭合,电动机M绕组获得三相380V交流电源,电动机运转驱动机械设备工作。

KM动合触点闭合,电源L1相→控制回路熔断器FU→1号线→接触器KM动合触点→9号线→信号灯HL2→2号线→电源N极。信号灯HL2得电,亮灯表示电动机运转状态。

    按下停止按钮SB1，其动断触点断开，切断接触器KM线圈控制电路，接触器KM断电释放，三个主触点同时断开，电动机绕组脱离三相380V交流电源停止运转，机械设备停止工作。

    电动机发生过负荷运行时，主电路中的热继电器FR动作，串接于接触器KM线圈控制回路中的热继电器FR动断触点断开，接触器KM线圈电路断电，接触器KM三个主触点同时断开，电动机断电停转，机械设备停止工作。

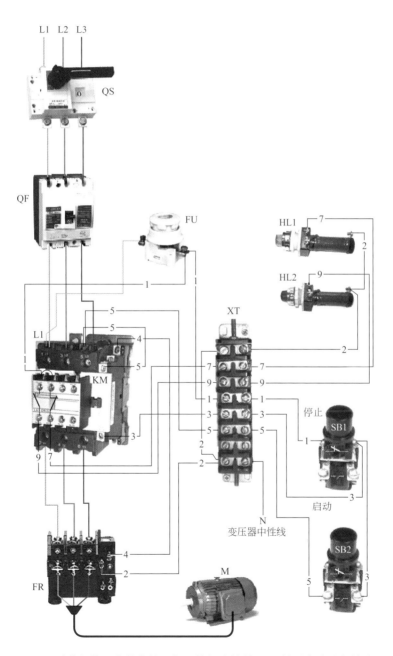

图1-18　过载保护、有状态信号灯、按钮启停的220V控制电路实物接线图

一次保护、有状态信号灯、按钮启停的380V控制电路

原理图见图1-19，实物接线图见图1-20。

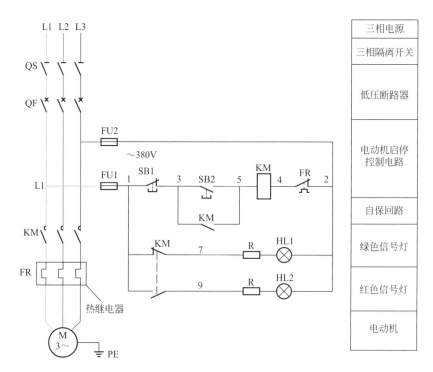

图1-19 一次保护、有状态信号灯、按钮启停的380V控制电路

 **电路工作原理**

合上主回路中的隔离开关QS；合上主回路中的断路器QF；合上控制回路中的熔断器FU1、FU2。

电源L1相→控制回路熔断器FU1→1号线→接触器KM动断触点→7号线→信号灯HL1→2号线→控制回路熔断器FU2→电源L3相。信号灯HL1得电,亮灯表示电动机热备用状态。

按下启动按钮SB2,电源L1相→控制回路熔断器FU1→1号线→停止按钮SB1动断触点→3号线→启动按钮SB2动合触点（按下时闭合）→5号线→接触器KM线圈→4号线→热继电器FR动断触点→2号线→控制回路熔断器FU2→电源L3相。线圈两端形成380V的工作电压,接触器KM线圈得到380V的电压动作,KM的动合触点闭合自保。主电路中的接触器KM三个主触点同时闭合,电动机M绕组获得三相380V交流电源,电动机运转驱动机械设备工作。

KM动合触点闭合，电源L1相→控制回路熔断器FU1→1号线→接触器KM动合触点→9号线→信号灯HL2→2号线→控制回路熔断器FU2→电源L3相。信号灯HL2得电,亮灯表示电动机运转状态。

按下停止按钮SB1，其动断触点断开，切断接触器KM线圈控制电路，接触器KM断电释放，三个主触点同时断开，电动机绕组脱离三相380V交流电源停止运转，机械设备停止工作。

电动机发生过负荷运行时，主电路中的热继电器FR动作，串接于接触器KM线圈控制回路中的热继电器FR动断触点断开，接触器KM线圈电路断电，接触器KM三个主触点同时断开，电动机断电停转，机械设备停止工作。

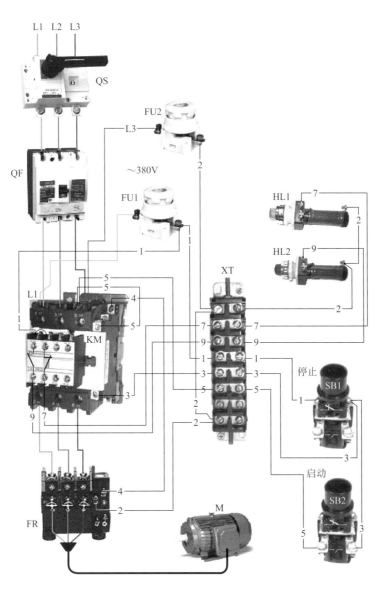

图1-20　一次保护、有状态信号灯、按钮启停的380V控制电路实物接线图

例 **011**

一次保护、无信号灯、有电压表、按钮启停的380V控制电路

原理图见图1-21，实物接线图见图1-22。

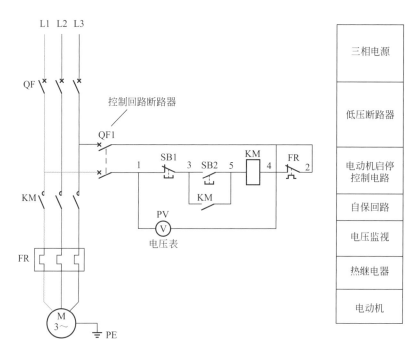

图1-21　一次保护、无信号灯、有电压表、按钮启停的380V控制电路

电路工作原理

合上主回路中的隔离开关QS；合上主回路中的断路器QF；合上控制回路中断路器QF1。

电源L1相→控制回路断路器QF1（L1相）触点→1号线→电压表PV线圈→2号线→控制回路断路器QF1（L3相）触点。电压表PV显示出电源电源380V，表示电动机回路送电，处于热备用状态。

按下启动按钮SB2，电源L1相→控制回路断路器QF1（L1相）触点→1号线→停止按钮SB1动断触点→3号线→启动按钮SB2动合触点（按下时闭合）→5号线→接触器KM线圈→4号线→热继电器FR动断触点→2号线→控制回路断路器QF1（L3相）触点→电源L3相。形成380V的工作电压，接触器KM线圈得到380V的电压动作，KM的动合触点闭合自保。主电路中的接触器KM三个主触点同时闭合，电动机M绕组获得三相380V交流电源，电动机运转驱动机械设备工作。

    按下停止按钮SB1，其动断触点断开，切断接触器KM线圈控制电路，接触器KM断电释放，三个主触点同时断开，电动机绕组脱离三相380V交流电源停止运转，机械设备停止工作。

    电动机发生过负荷运行时，主电路中的热继电器FR动作，串接于接触器KM线圈控制回路中的热继电器FR动断触点断开，接触器KM线圈电路断电，接触器KM三个主触点同时断开，电动机断电停转，机械设备停止工作。

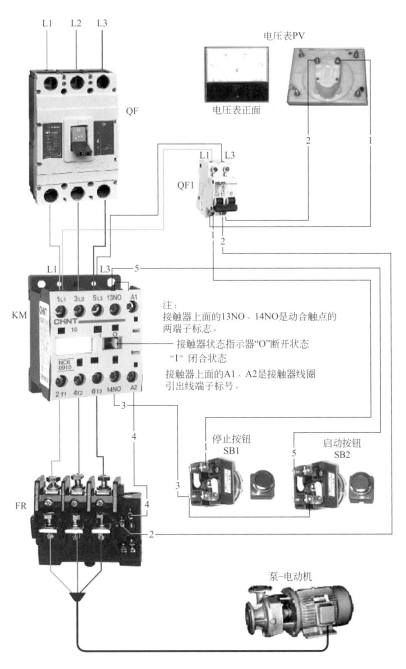

图1-22　一次保护、无信号灯、有电压表、按钮启停的380V控制电路实物接线图

既能長期連續運行又能點動運轉的380V控制電路（1）

原理圖見圖1-23，實物接線圖見圖1-24。

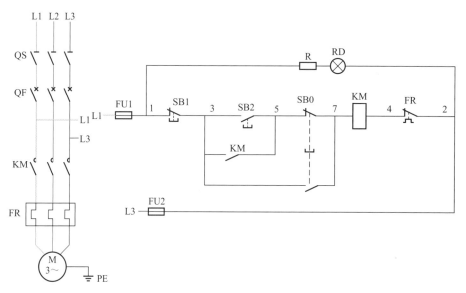

图1-23　既能长期连续运行又能点动运转的380V控制电路(1)

電路工作原理

　　合上主回路中的隔離開關QS；合上主回路中的斷路器QF；合上控制回路中熔斷器FU1、FU2。

　　電源L1相→控制回路熔斷器FU1→1號線→電源信號燈RD→2號線→控制回路熔斷器FU2→電源L3相。信號燈RD得電，亮燈表示電動機回路送電，處於熱備用狀態。

　　按下啟動按鈕SB2，電源L1相→控制回路中熔斷器FU1→1號線→停止按鈕SB1動斷觸點→3號線→啟動按鈕SB2動合觸點（按下時閉合）→5號線→點動按鈕SB0動斷觸點→7號線→接觸器KM線圈→4號線→熱繼電器FR動斷觸點→2號線→控制回路熔斷器FU2→電源L3相。KM線圈兩端形成380V的工作電壓，接觸器KM線圈得到380V的電壓動作，KM的動合觸點閉合自保。主電路中的接觸器KM三個主觸點同時閉合，電動機M繞組獲得三相380V交流電源，電動機運轉驅動機械設備工作。

　　按下停止按鈕SB1，其動斷觸點斷開，切斷接觸器KM線圈控制電路，接觸器KM斷電釋放，三個主觸點同時斷開，電動機繞組脫離三相380V交流電源停止運轉，機械設備停止工作。

断续运转：按下点动按钮SB0，其动断触点先断开，切断连续运转回路。按到SB0动合触点闭合，电源L1相→控制回路中熔断器FU1→1号线→停止按钮SB1动断触点→3号线→断续按钮SB0动合触点（按下时闭合）→7号线→接触器KM线圈→4号线→热继电器FR动断触点→2号线→控制回路熔断器FU2→电源L3相。形成380V的工作电压，接触器KM线圈得到380V的电压动作。主电路中的接触器KM三个主触点同时闭合，电动机M绕组获得三相380V交流电源，电动机运转驱动机械设备工作。手离开断续按钮SB0，其动合触点断开，切断接触器KM线圈控制电路，接触器KM断电释放，三个主触点同时断开，电动机绕组脱离三相380V交流电源停止运转，机械设备停止工作。

电动机发生过负荷运行时，主电路中的热继电器FR动作，串接于接触器KM线圈控制回路中的热继电器FR动断触点断开，接触器KM线圈电路断电，接触器KM三个主触点同时断开，电动机断电停转，机械设备停止工作。

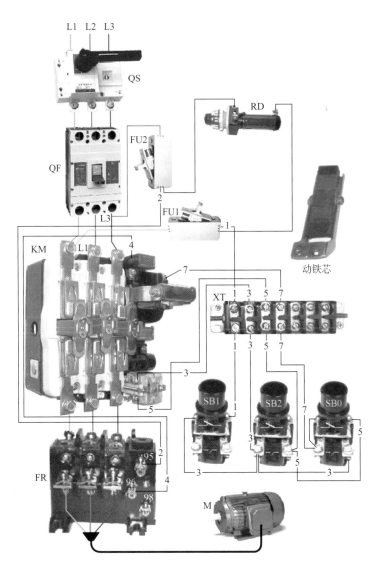

图1-24 既能长期连续运行又能点动运转的380V控制电路(1)实物接线图

例 **013**

既能长期连续运行又能点动运转的380V控制电路（2）

原理图见图1-25，实物接线图见图1-26。

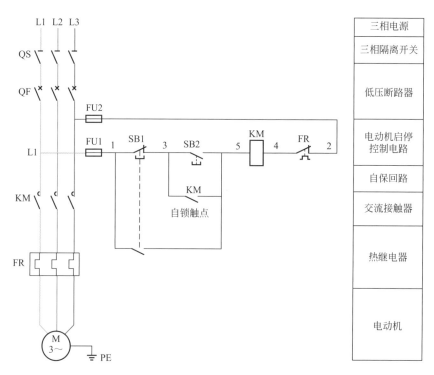

图1–25 既能长期连续运行又能点动运转的380V控制电路(2)

 **电路工作原理**

　　合上主回路中的隔离开关QS；合上断路器QF；主电路送电后，合上控制回路熔断器FU1、FU2。按下启动按钮SB2，电源L1相→控制回路熔断器FU1→1号线→停止按钮SB1动断触点→3号线→启动按钮SB2动合触点（按下时闭合）→5号线→接触器KM线圈→4号线→热继电器FR动断触点→2号线→控制回路熔断器FU2→电源L3相。线圈两端形成380V的工作电压，接触器KM线圈得到380V的电压动作，KM的动合触点闭合自保。主电路中的接触器KM三个主触点同时闭合，电动机M绕组获得三相380V交流电源，电动机运转驱动机械设备工作。

　　按下停止按钮SB1，其动断触点断开，切断接触器KM线圈控制电路，接触器KM线圈断电释放，接触器KM的三个主触点同时断开，电动机M绕组脱离三相380V交流电源，停止转动，机械设备停止工作。

点动操作：按下停止按钮SB1，其动断触点断开，切断正常启动回路电源。按到停止按钮SB1的动合触点闭合时，电源L1相→控制回路熔断器FU1→1号线→停止按钮SB1下的动合触点（按下时接通）→5号线→接触器KM线圈→4号线→热继电器FR的动断触点→2号线→控制回路熔断器FU2→电源L3相。接触器KM线圈得到交流380V的工作电压动作，接触器KM三个主触点同时闭合，电动机M绕组获得三相380V交流电源，电动机启动运转，驱动机械设备工作。

手离开停止按钮SB1，其动合触点断开，接触器KM线圈断电释放，接触器KM的三个主触点同时断开，电动机M绕组脱离三相380V交流电源停止转动，机械设备停止工作。

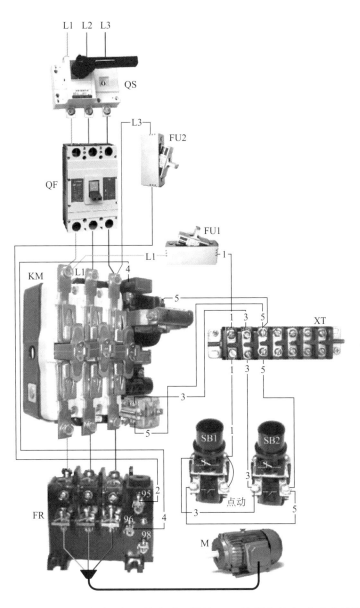

图1-26　既能长期连续运行又能点动运转的380V控制电路（2）实物接线图

例 014 既能长期连续运行又能点动运转的220V控制电路（3）

原理图见图1-27，实物接线图见图1-28。

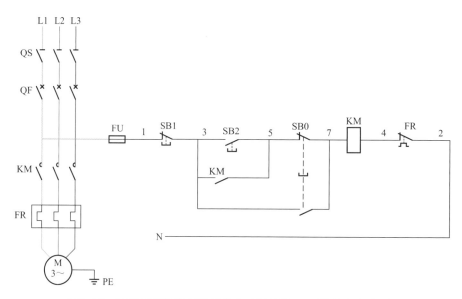

图1-27 既能长期连续运行又能点动运转的220V控制电路（3）

电路工作原理

合上主回路中的隔离开关QS；合上主回路中的断路器QF；合上控制回路中熔断器FU。

按下启动按钮SB2，电源L1相→控制回路中熔断器FU→1号线→停止按钮SB1动断触点→3号线→启动按钮SB2动合触点（按下时闭合）→5号线→点动按钮SB0动断触点→7号线→接触器KM线圈→4号线→热继电器FR动断触点→2号线→电源N极。KM线圈两端形成220V的工作电压，接触器KM线圈得到220V的电压动作，KM的动合触点闭合自保。主电路中的接触器KM三个主触点同时闭合，电动机M绕组获得三相380V交流电源，电动机运转驱动机械设备工作。

按下停止按钮SB1，其动断触点断开，切断接触器KM线圈控制电路，接触器KM断电释放，三个主触点同时断开，电动机绕组脱离三相380V交流电源停止运转，机械设备停止工作。

点动运转：按下点动按钮SB0，其动断触点先断开，切断接触器KM自锁回路。按到SB0动合触点闭合，电源L1相→控制回路中熔断器FU→1号线→停止按钮SB1动断触点→3号线→断续按钮SB0动合触点（按下时闭合）→7号线→接触器KM线圈→4号线→热继电器FR动断触点→2号线→电源N极。形成220V的工作电压，接触器KM线圈得到220V的电压动作。主电路中的接触器KM三个主触点同时闭合，电动机M绕组获得三相380V交流电源，电动机运转驱动机械设备工作。手离开断续按钮SB0，其动合触点断开，切断接触器KM线圈控制电路，接触器KM断电释放，三个主触点同时断开，电动机绕组脱离三相380V交流电源停止运转，机械设备停止工作。

电动机发生过负荷运行时，主电路中的热继电器FR动作，串接于接触器KM线圈控制回路中的热继电器FR动断触点断开，接触器KM线圈电路断电，接触器KM三个主触点同时断开，电动机断电停转，机械设备停止工作。

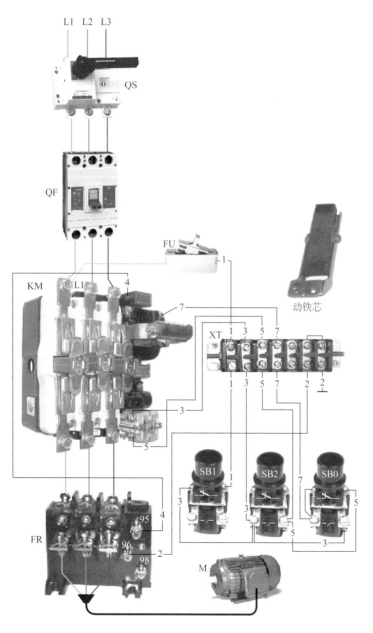

图1-28 既能长期连续运行又能点动运转的220V控制电路（3）实物接线图

例 **015** 既能长期连续运行又能点动运转的220V控制电路（4）

原理图见图1-29，实物接线图见图1-30。

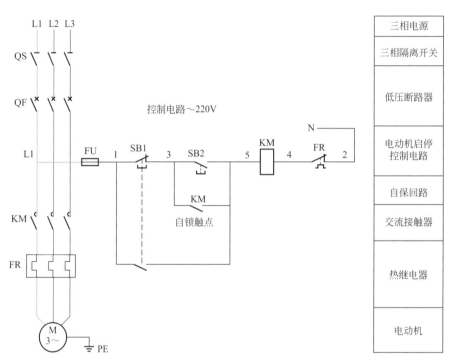

图1-29　既能长期连续运行又能点动运转的220V控制电路（4）

电路工作原理

　　合上三相刀开关QS；合上断路器QF；主电路送电后，合上控制回路熔断器FU。按下启动按钮SB2，电源L1相→控制回路熔断器FU→1号线→停止按钮SB1动断触点→3号线→启动按钮SB2动合触点（按下时闭合）→5号线→接触器KM线圈→4号线→热继电器FR动断触点→2号线→电源N极。线圈两端形成220V的工作电压，接触器KM线圈得到220V的电压动作，KM的动合触点闭合自保。主电路中的接触器KM三个主触点同时闭合，电动机M绕组获得三相380V交流电源，电动机运转驱动机械设备工作。

　　按下停止按钮SB1，其动断触点断开，切断接触器KM线圈控制电路，接触器KM线圈断电释放，接触器KM的三个主触点同时断开，电动机M绕组脱离三相380V交流电源停止转动，机械设备停止工作。

　　点动操作：按下停止按钮SB1，其动断触点断开，切断正常启动回路电源。按到停止按钮SB1的动合触点闭合时，电源L1相→控制回路熔断器FU→1号线→停止按钮SB1的动合触点（按下时接通）→5号线→接触器KM线圈→4号线→热继电器FR的动断触点→2号线→电源N极。接触器KM线圈得到交流220V的工作电压动作，接触器KM三个主触点同时闭合，电动机M绕组获得三相380V交流电源，电动机启动运转，驱动机械设备工作。

手离开停止按钮SB1，其动合触点断开，接触器KM线圈断电释放，接触器KM的三个主触点同时断开，电动机M绕组脱离三相380V交流电源停止转动，机械设备停止工作。

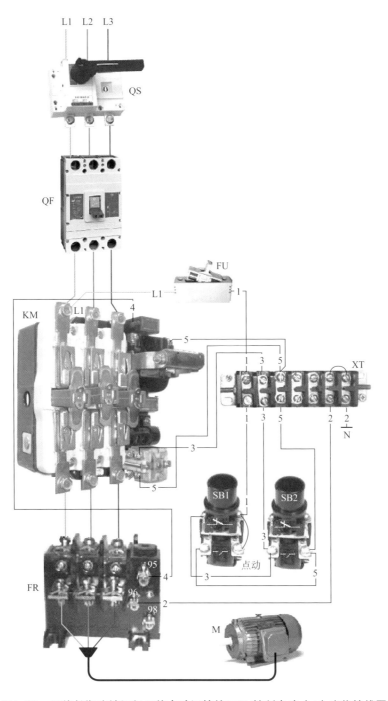

图1-30 既能长期连续运行又能点动运转的220V控制电路（4）实物接线图

有状态信号灯、按钮启停的36V控制电路

原理图见图1-31，实物接线图见图1-32。

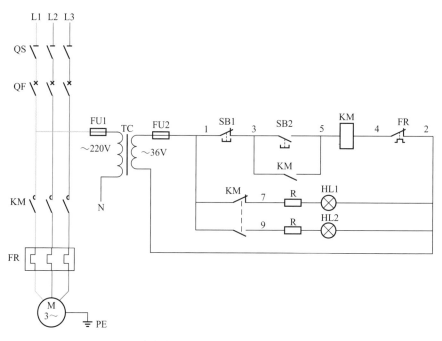

图1-31　有状态信号灯、按钮启停的36V控制电路

电路工作原理

　　合上主回路中的隔离开关QS；合上主回路中的断路器QF；合上控制变压器TC一次回路中的熔断器FU1，控制变压器TC投入。合上控制变压器TC二次回路中的熔断器FU2，T二次向电动机控制回路提供36V的工作电源。

　　控制变压器二次36V绕组的一端→控制回路熔断器FU2→1号线→接触器KM动断触点→7号线→信号灯HL1→2号线→控制变压器二次36V绕组的另一端。信号灯HL1得电，亮灯表示电动机热备用状态。按下启动按钮SB2，其动合触点闭合，控制变压器二次36V绕组的一端→1号线→停止按钮SB1动断触点→3号线→启动按钮SB2动合触点（按下时闭合）→5号线→接触器KM线圈→4号线→热继电器FR动断触点→2号线→变压器TC绕组的另一端，接触器KM线圈形成36V的工作电压，接触器KM线圈得到36V的电压动作，KM的动合触点闭合自保。

　　主电路中的接触器KM三个主触点同时闭合，电动机M绕组获得三相380V交流电源，电动机运转驱动机械设备工作。

　　KM动合触点闭合，控制变压器二次36V绕组的一端→控制回路熔断器FU2→1号线→接触器KM动合触点→9号线→信号灯HL2→2号线→控制变压器二次36V绕组的另一端。信号灯HL2得电，亮灯表示电动机运转状态。

　　按下停止按钮SB1，其动断触点断开，切断接触器KM线圈控制电路，接触器KM断电释放，三个主触点同时断开，电动机绕组脱离三相380V交流电源停止运转，机械设备停止工作。

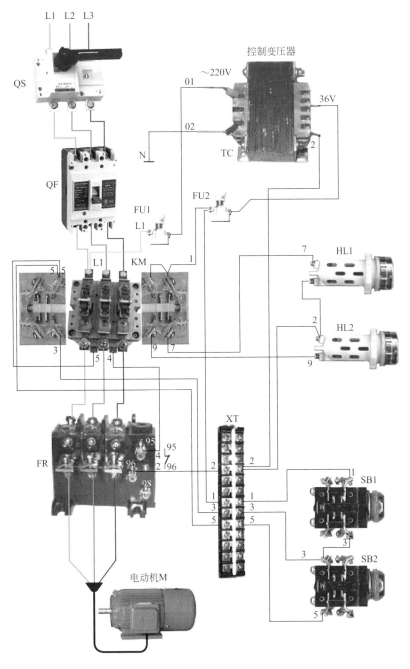

图1-32　有状态信号灯、按钮启停的36V控制电路实物接线图

例 017　单电流表、有电源信号灯、一启两停的380V控制电路

原理图见图1-33，实物接线图见图1-34。

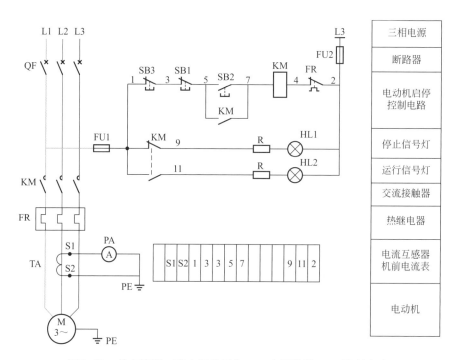

图1-33　单电流表、有电源信号灯、一启两停的380V控制电路

电路工作原理

　　合上主回路断路器QF；合上控制回路熔断器FU1、FU2。电源L1相→控制回路熔断器FU1→1号线→接触器KM的动断触点→9号线→绿色信号灯HL1→2号线→控制回路熔断器FU2→电源L3相。绿色信号灯HL1得电灯亮，表示电动机停运状态，同时表示电动机处于热备用状态，可随时启动电动机。

　　按下启动按钮SB2，电源L1相→控制回路熔断器FU1→1号线→停止按钮SB3动断触点→3号线→停止按钮SB1动断触点→5号线→启动按钮SB2动合触点（按下时闭合）→7号线→接触器KM线圈→4号线→热继电器FR的动断触点→2号线→控制回路熔断器FU2→电源L3相，构成380V电路。接触器KM线圈得到交流380V的工作电压动作，接触器KM

动合触点闭合（将启动按钮SB2动合触点短接）自保，维持接触器KM的工作状态。接触器KM三个主触点同时闭合，电动机绕组获得三相380V交流电源，电动机M启动运转，驱动机械设备工作。

　　按下停止按钮SB1或停止按钮SB3，其动断触点断开，切断接触器KM线圈电路，接触器KM线圈断电，接触器KM释放，接触器KM的三个主触点同时断开，电动机M绕组脱离三相380V交流电源停止转动，驱动的机械设备停止运行。

　　KM动合触点闭合，电源L1相→控制回路熔断器FU1→1号线→接触器KM的动合触点→11号线→红色信号灯HL2→2号线→控制回路熔断器FU2→电源L3相。红色信号灯HL2得电灯亮，表示电动机运转状态。

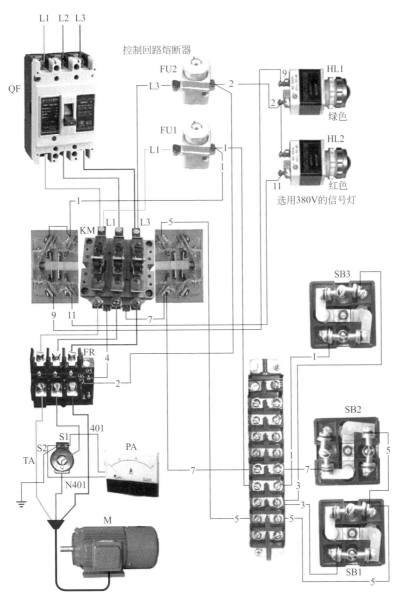

图1-34　单电流表、有电源信号灯、一启两停的380V控制电路实物接线图

例 **018**

单电流表、有电源信号灯、一启两停的220V控制电路

原理图见图1-35，实物接线图见图1-36。

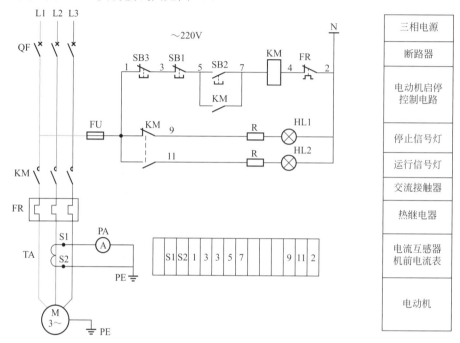

图1-35 单电流表、有电源信号灯、一启两停的220V控制电路

电路工作原理

合上主回路断路器QF；合上控制回路熔断器FU。电源L1相→控制回路熔断器FU→1号线→接触器KM的动断触点→9号线→绿色信号灯HL1→2号线→电源N极。绿色信号灯HL1得电灯亮，表示电动机停运状态，同时表示电动机处于热备用状态，可随时启动电动机。

按下启动按钮SB2，电源L1相→控制回路熔断器FU→1号线→停止按钮SB3动断触点→3号线→停止按钮SB1动断触点→5号线→启动按钮SB2动合触点（按下时闭合）→7号线→接触器KM线圈→4号线→热继电器FR的动断触点→2号线→电源N极。

电路接通，接触器KM线圈获得220V电压动作，动合触点KM闭合自保，维持接触器KM的工作状态，接触器KM三个主触点同时闭合，电动机绕组获三相380V交流电源，电动机M启动运转，所驱动的机械设备工作。

接触器KM动合触点闭合→11号线→红色信号灯HL2得电灯亮，表示电动机M运行状态。

按下停止按钮SB3或停止按钮SB1，其动断触点断开，切断接触器KM线圈电路，接触器KM线圈断电，接触器KM释放，接触器KM的三个主触点同时断开，电动机M绕组脱离三相380V交流电源停止转动，驱动的机械设备停止运行。

电动机过负荷，一般是指机械设备运转中发生部件损坏而卡住机械设备不能转动，而使电动机M的工作电流超过电动机的额定值，电流超过电动机额定值的运行状态。

过负荷时，主回路中的热继电器FR动作，热继电器FR的动断触点断开，切断接触器KM线圈电路，接触器KM线圈断电，接触器KM释放，接触器KM的三个主触点同时断开，电动机M绕组脱离三相380V交流电源停止转动，所拖动的机械设备停止运行。

短路、接地故障：当电动机的负荷电缆发生短路、接地故障时，主电路中的三相断路器QF自动跳闸，主触点断开，切断主电路，电动机断电停止转动。用兆欧表查明故障处理后，重新合上断路器QF。

电动机（机械设备）退出热备用状态的操作：电动机或机械设备检修时，值班电工接到电动机或机械设备检修工作票后，要做安全措施。一般按下列顺序进行：

① 确认电动机或机械设备在停位；
② 检查交流接触器KM在断开位置；
③ 拉开三相断路器QF；
④ 取下控制回路熔断器FU；
⑤ 在三相断路器QF的操作把手上挂"禁止合闸、有人工作"标示牌。

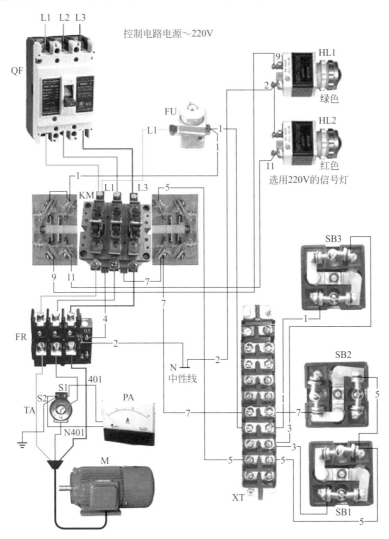

图1-36　单电流表、有电源信号灯、一启两停的220V控制电路实物接线图

例 019 二次保护、一启两停、双电流表的380V控制电路

原理图见图1-37，实物接线图见图1-38。将热继电器FR发热元件串入电流互感器TA二次回路中，这样的接线方式就是二次保护。

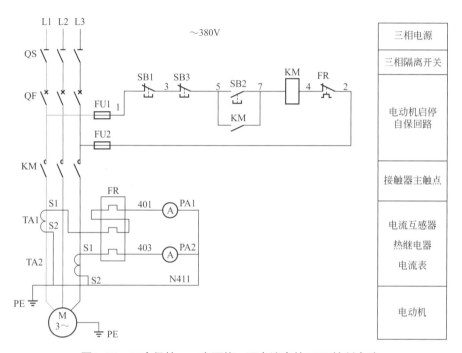

图1-37　二次保护、一启两停、双电流表的380V控制电路

按下启动按钮SB2，电源L1相→控制回路熔断器FU1→1号线→紧急停止按钮SB1动断触点→3号线→停止按钮SB3动断触点→5号线→启动按钮SB2动合触点（此时闭合中）→7号线→接触器KM线圈→4号线→热继电器FR的动断触点→2号线→控制回路熔断器FU2→电源L3相。电路接通，接触器KM线圈获得380V电源动作，动合触点KM自保，维持接触器KM的工作状态。接触器KM三个主触点同时闭合，电动机M绕组获得L1、L2、L3三相380V交流电源，电动机启动运转，所驱动的机械设备运行。

按下机前停止按钮SB3，其动断触点断开，切断接触器KM控制电路，接触器KM线圈断电释放，三个主触点同时断开，电动机M绕组脱离三相380V交流电源停止转动，驱动的机械设备停止运行。

监控室内的操作人员如果通过电流表看到电动机工作电流超过电动机额定电流的120%时，可以按紧急停止按钮SB1，其动断触点断开，切断接触器KM线圈控制电路，接触器KM断电释放，三个主触点同时断开，电动机M绕组脱离三相380V交流电源停止转动，所拖动的机械设备停止运行，可以保护设备安全。

　　电动机过负荷停机：当电动机的工作电流超过电动机的额定值，电流互感器TA二次回路中的热继电器FR动作，热继电器FR的动断触点断开，切断接触器KM线圈控制电路，KM断电释放，三个主触点同时断开，电动机M绕组脱离三相380V交流电源停止转动，所拖动的机械设备停止运行。

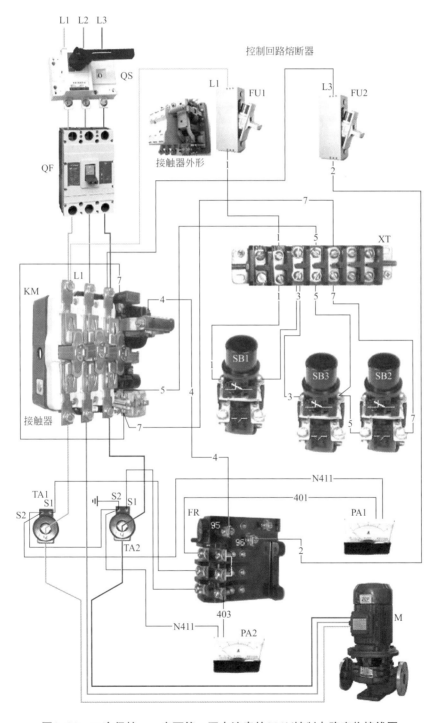

图1-38　二次保护、一启两停、双电流表的380V控制电路实物接线图

例 020 一次保护、一启两停、单电流表的380V控制电路

原理图见图1-39，实物接线图见图1-40。操作人员见到绿色的信号灯HL1亮，表示电动机回路具备启动条件，就可以进行机械设备的操作。回路中安装了电流表PA目的，操作人员可以随时观察到电动机的工作电流情况。

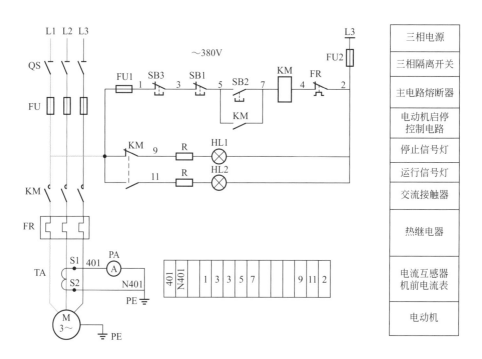

图1-39 一次保护、一启两停、单电流表的380V控制电路

 电路工作原理

按下启动按钮SB2，电源L1相→控制回路熔断器FU1→1号线→紧急停止按钮SB3动断触点→3号线→停止按钮SB1动断触点→5号线→启动按钮SB2动合触点（此时闭合中）→7号线→接触器KM线圈→4号线→热继电器FR的动断触点→2号线→控制回路熔断器FU2→电源L3相。电路接通，接触器KM线圈获得380V电源动作，动合触点KM闭合自保，维持接触器KM的工作状态。

接触器KM三个主触点同时闭合，电动机M绕组获得L1、L2、L3三相380V交流电源，电动机启动运转，所驱动的机械设备运行。

接触器KM动合触点闭合→11号线→信号灯HL2→2号线→信号灯HL2得电，灯亮表示电动机运行。

　　按下机前停止按钮SB1，其动断触点断开，切断接触器KM控制电路，接触器KM线圈断电释放，三个主触点同时断开，电动机M绕组脱离三相380V交流电源停止转动，驱动的机械设备停止运行。

　　监控室内的操作人员如果通过电流表看到电动机工作电流超过电动机额定电流的120%时，可以按紧急停止按钮SB3，其动断触点断开，切断接触器KM线圈控制电路，接触器KM断电释放，三个主触点同时断开，电动机M绕组脱离三相380V交流电源停止转动，所拖动的机械设备停止运行，可以保护设备安全。

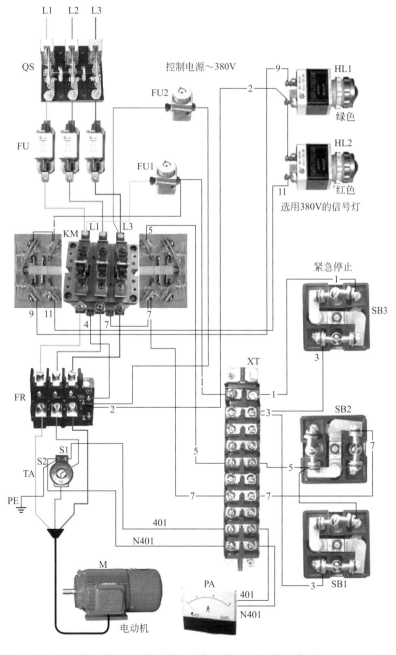

图1-40　一次保护、一启两停、单电流表的380V控制电路实物接线图

例 **021**
两处启停、有状态信号灯、无电流表的220V控制电路

原理图见图1-41，实物接线图见图1-42。

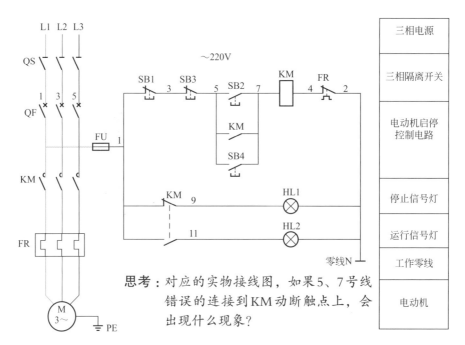

思考：对应的实物接线图，如果5、7号线错误的连接到KM动断触点上，会出现什么现象？

图1-41　两处启停、有状态信号灯、无电流表的220V控制电路

 **电路工作原理**

合上三相负荷开关QS；合上主回路断路器QF；合上控制回路熔断器FU。

按下机前启动按钮SB2，电源L1相→控制回路熔断器FU→1号线→停止按钮SB1动断触点→3号线→停止按钮SB3动断触点→5号线→启动按钮SB2动合触点（按下时闭合）→7号线→接触器KM线圈→4号线→热继电器FR的动断触点→2号线→电源N极。电路接通，接触器KM线圈获电动铁芯动作，动合触点KM闭合自保，维持接触器KM工作状态，接触器KM三个主触点同时闭合，电动机M绕组获得三相380V交流电源，电动机M启动运转，所驱动的机械设备运行。

操作室启动：按下盘上启动按钮SB4，电源L2相→控制回路熔断器FU→1号线→停止按钮SB1动断触点→3号线→停止按钮SB3动断触点→5号线→启动按钮SB4动合触点（按下时闭合）→7号线→接触器KM线圈→4号线→热继电器FR的动断触点→2号线→电源N极。电路接通，接触器KM线圈获电动作，动合触点KM闭合自保，维持接触器KM的工作状态。接触器KM的三个主触点同时闭合，电动机绕组获得三相380V交流电源，电动机M启动运转，所驱动的机械设备运行。

　　需要停机时，按下停止按钮SB1或 SB3，SB1或SB3的动断触点断开，切断接触器KM线圈控制电路，接触器KM断电释放，三个主触点同时断开，电动机M绕组脱离三相380V交流电源停止转动，所驱动的机械设备停止运行。

　　电动机过负荷停机：电动机的工作电流超过电动机的额定值（超过热继电器FR设定值）时，主回路中的热继电器FR动作，热继电器FR的动断触点断开，切断接触器KM线圈控制电路，接触器KM断电释放，三个主触点同时断开，电动机M绕组脱离三相380V交流电源停止转动，所拖动的机械设备停止运行。

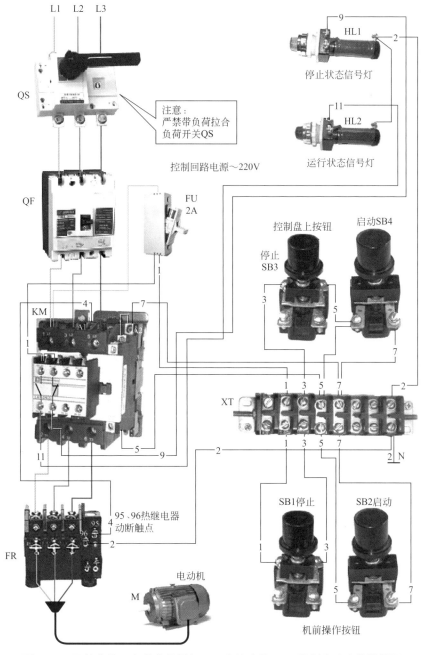

图1-42　两处启停、有状态信号灯、无电流表的220V控制电路实物接线图

一次保护、一启三停、有信号灯的220V控制电路

原理图见图1-43，实物接线图见图1-44。停止按钮SB1动断触点与停止按钮SB3动断触点与停止按钮SB5动断触点串联，与启动按钮SB2动合触点连接，构成一处启动、三处停止的电动机控制电路。热继电器FR发热元件串入主电路回路中，电动机过负荷运行时热继电器FR动作，其动断触点断开，切断接触器KM电路，接触器KM释放，电动机断电停止运行，起到对电动机的保护作用。

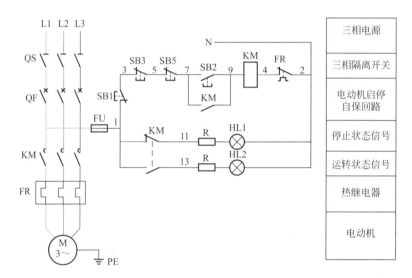

图1-43 一次保护、一启三停、有信号灯的220V控制电路

合上三相刀开关QS；合上主回路断路器QF；合上控制回路熔断器FU。

按下机前启动按钮SB2，电源L1相→控制回路熔断器FU→1号线→停止按钮SB1动断触点→3号线→停止按钮SB3动断触点→5号线→停止按钮SB5动断触点→7号线→启动按钮SB2动合触点（按下时闭合）→9号线→接触器KM线圈→4号线→热继电器FR的动断触点→2号线→电源N极。

电路接通，接触器KM线圈获电动作，动合触点KM闭合自保，维持接触器KM工作状态，接触器KM三个主触点同时闭合，电动机M绕组获得三相380V交流电源，电动机M启动运转，所驱动的机械设备运行。

按下停止按钮SB1或 SB3 或SB5，其动断触点断开，切断接触器KM线圈控制电路，接触器KM断电释放，三个主触点同时断开，电动机M绕组脱离三相380V交流电源停止转动，所驱动的机械设备停止运行。

过负荷时，主回路中的热继电器FR动作，热继电器FR的动断触点断开，切断接触器KM线圈控制电路，接触器KM断电释放，三个主触点同时断开，电动机M绕组脱离三相380V交流电源停止转动，所拖动的机械设备停止运行。

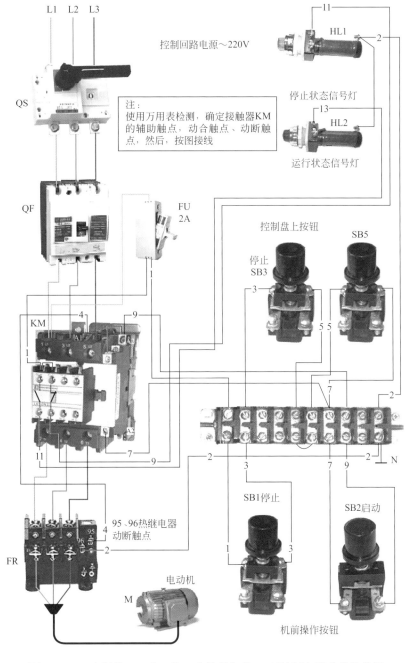

图1-44 一次保护、一启三停、有信号灯的220V控制电路实物接线图

例 **023**

两启三停、有工作状态信号、单电流表的380V控制电路

原理图见图1-45,实物接线图见图1-46。

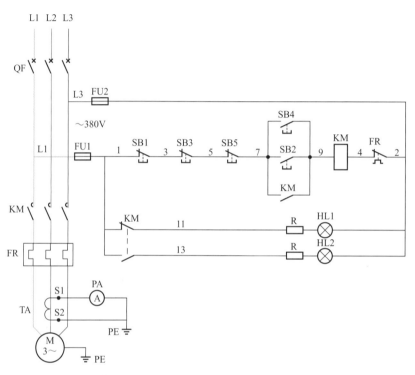

图1-45 两启三停、有工作状态信号、单电流表的380V控制电路

电路工作原理

合上三相刀开关QK;合上主回路断路器QF;合上控制回路熔断器FU1、FU2。

按下机前启动按钮SB2或启动按钮SB4电源L1相→控制回路熔断器FU1→1号线→停止按钮SB1动断触点→3号线→停止按钮SB3动断触点→5号线→停止按钮SB5动断触点→7号线→启动按钮SB2动合触点或启动按钮SB4动合触点(按下时闭合)→9号线→接触器KM线圈→4号线→热继电器FR的动断触点→2号线→控制回路熔断器FU2→电源L3相。

电路接通,接触器KM线圈获电动作,动合触点KM闭合自保,维持接触器KM工作状态,接触器KM三个主触点同时闭合,电动机M绕组获得三相380V交流电源,电动机M启动运转,所驱动的机械设备运行。

按下停止按钮SB1或 SB3或SB5,其动断触点断开,切断接触器KM线圈控制电路,接触器KM断电释放,三个主触点同时断开,电动机M绕组脱离三相380V交流电源停止转动,

所驱动的机械设备停止运行。

　　为了监视运行中电动机的负荷情况，在主电路中安装电流互感器TA，安装位置如图1-45所示。将电流表PA串入电流互感器TA二次线圈回路中，通过电流互感器TA的感应作用，电动机的工作电流流过电流互感器二次回路中的电流表PA线圈，电流表的表指针会随电流的大小摆动，指针指向的数字，就是电动机驱动的机械设备工作的负荷电流。

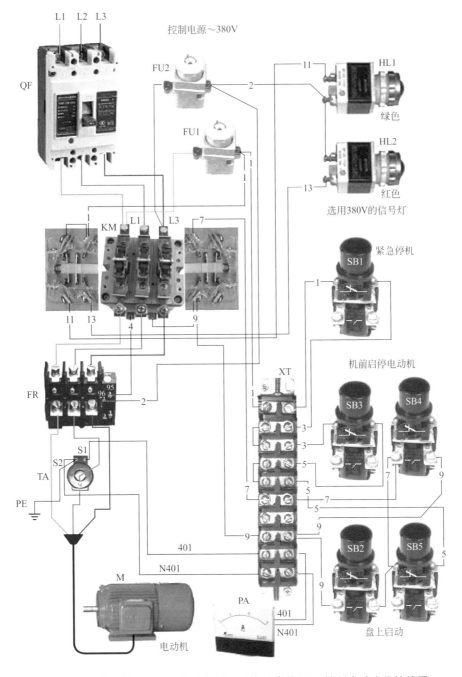

图1-46　两启三停、有工作状态信号、单电流表的380V控制电路实物接线图

例 024 两启三停、有信号灯、单电流表、延时终止过载信号的 380V控制电路

原理图见图1-47，实物接线图见图1-48。

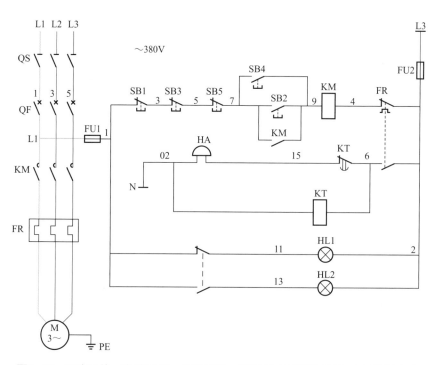

图1-47 两启三停、有信号灯、单电流表、延时终止过载信号的380V控制电路

电路工作原理

按下机前启动按钮SB2或操作室启动按钮SB4，电源L1相→控制回路熔断器FU1→1号线→停止按钮SB1动断触点→3号线→停止按钮SB3动断触点→5号线→停止按钮SB5动断触点→7号线→机前启动按钮SB2或操作室启动按钮SB4动合触点（按下时闭合）→9号线→接触器KM线圈→4号线→热继电器FR的动断触点→2号线→控制回路熔断器FU2→电源L3相。接触器KM线圈获电动作，动合触点KM闭合自保，维持接触器KM工作状态，接触器KM三个主触点同时闭合，电动机M绕组获得三相380V交流电源，电动机M启动运转，所驱动的机械设备运行。

按下停止按钮SB1或SB3或SB5，其动断触点断开，切断接触器KM线圈控制电路，接触器KM断电释放，三个主触点同时断开，电动机M绕组脱离三相380V交流电源停止转动，所驱动的机械设备停止运行。

过载报警延时终止：过负荷时，热继电器FR动作，动断触点切断接触器KM控制电路，

接触器KM断电释放,三个主触点同时断开,电动机M断电停止运转。FR动合触点闭合→6号线→过载报警电铃HA线圈、时间继电器KT线圈同时得电动作。铃响报警,时间继电器KT延时断开的动断触点(30s)断开。过载报警电铃HA线圈断电,铃响终止。查明过载原因,处理后,按热继电器FR的复位键,使热继电器动断触点复位。

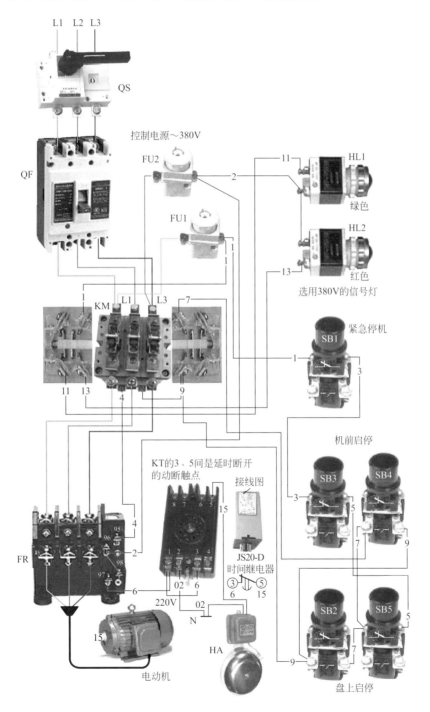

图1-48 两启三停、有信号灯、单电流表、延时终止过载信号的380V控制电路实物接线图

例 025　一次保护、没有状态信号灯、一启两停的127V控制电路

原理图见图1-49，实物接线图见图1-50。

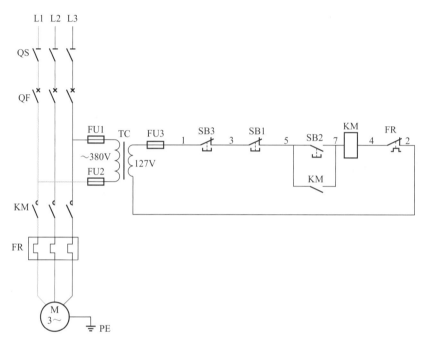

图1-49　一次保护、没有状态信号灯、一启两停的127V控制电路

电路工作原理

　　合上主回路中的隔离开关QS；合上主回路中的断路器QF；合上控制变压器TC一次回路中的熔断器FU1、FU2，控制变压器TC投入。合上控制变压器TC二次回路中的熔断器FU3、TC二次向电动机控制回路提供127V的工作电源。

　　按下启动按钮SB2，其动合触点闭合，控制变压器TC二次127V绕组的一端→控制回路熔断器FU3→1号线→停止按钮SB3动断触点→3号线→停止按钮SB1动断触点→5号线→启动按钮SB2动合触点（按下时闭合）→7号线→接触器KM线圈→4号线→热继电器FR动断触点→2号线→变压器TC绕组的另一端，接触器KM线圈形成127V的工作电压，接触器KM线圈得到127V的电压动作，KM的动合触点闭合自保。

　　主电路中的接触器KM三个主触点同时闭合，电动机M绕组获得三相380V交流电源，电动机运转驱动机械设备工作。

　　按下停止按钮SB1或停止按钮SB3，其动断触点断开，切断接触器KM线圈控制电路，接触器KM断电释放，三个主触点同时断开，电动机绕组脱离三相380V交流电源停止运转，机械设备停止工作。

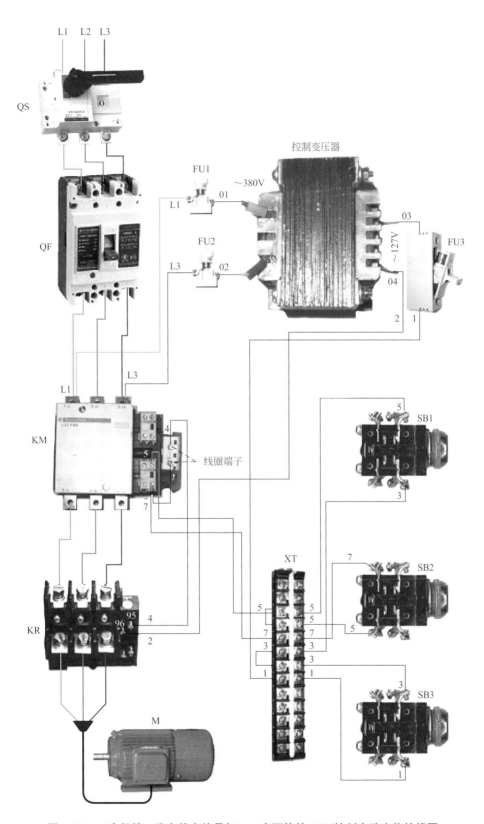

图1-50 一次保护、没有状态信号灯、一启两停的127V控制电路实物接线图

例 **026** 一次保护、拉线开关操作、有状态信号的220V控制电路

原理图见图1-51，实物接线图见图1-52。

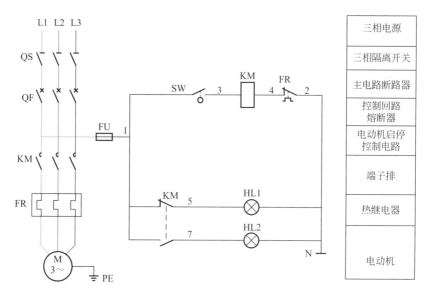

图1-51 一次保护、拉线开关操作、有状态信号的220V控制电路

电路工作原理

合上主电路隔离开关QS；合上主回路中的断路器QF；合上控制回路中的熔断器FU。

合上熔断器FU后，电源L1相→控制回路熔断器FU→1号线→接触器KM动断触点→5号线→信号灯HL1→2号线→电源N极。信号灯HL1得电灯亮，表示电动机热备用状态。

拉一下拉线开关SW（触点接通），电源L1相→控制回路熔断器FU→1号线→拉线开关SW闭合的触点→3号线→接触器KM线圈→4号线→热继电器FR的动断触点→2号线→电源N极，电路接通，接触器KM线圈获得～220V电源动作，主电路中的接触器KM三个主触点同时闭合，电动机M绕组获得三相380V交流电源，电动机运转驱动机械设备工作。

接触器KM动合触点闭合，电源L1相→控制回路熔断器FU→1号线→接触器KM动合合触点→7号线→信号灯HL2→2号线→电源N极。信号灯HL2得电灯亮，表示电动机处于运转工作状态。

需要停机时，拉一下拉线开关SW（触点断开），切断接触器KM线圈控制电路，接触器KM断电释放，三个主触点同时断开，电动机绕组脱离三相380V交流电源停止运转，机械设备停止工作。

电动机过负荷时，热继电器FR动作，动断触点FR断开，接触器KM线圈断电释放，KM的三个主触点同时断开，电动机绕组脱离三相380V交流电源停止转动，机械设备停止工作。

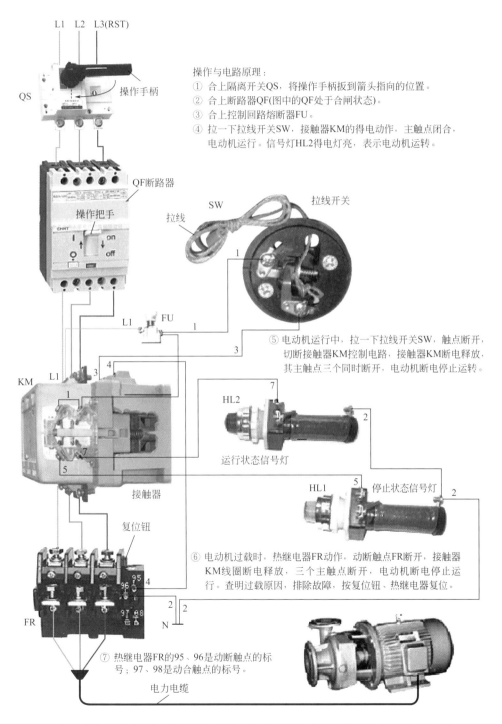

操作与电路原理：
① 合上隔离开关QS，将操作手柄扳到箭头指向的位置。
② 合上断路器QF(图中的QF处于合闸状态)。
③ 合上控制回路熔断器FU。
④ 拉一下拉线开关SW，接触器KM的得电动作，主触点闭合，电动机运行。信号灯HL2得电灯亮，表示电动机运转。

⑤ 电动机运行中，拉一下拉线开关SW，触点断开，切断接触器KM控制电路，接触器KM断电释放，其主触点三个同时断开，电动机断电停止运转。

⑥ 电动机过载时，热继电器FR动作，动断触点FR断开，接触器KM线圈断电释放，三个主触点断开，电动机断电停止运行。查明过载原因，排除故障，按复位钮、热继电器复位。

⑦ 热继电器FR的95、96是动断触点的标号；97、98是动合触点的标号。

图1-52 一次保护、拉线开关操作、有状态信号的220V控制电路实物接线图

例 **027** 拉线开关操作、无状态信号、过载报警的220V控制电路

拉线开关操作、无状态信号、过载报警的220V控制电路见图1-53，实物接线图见图1-54。

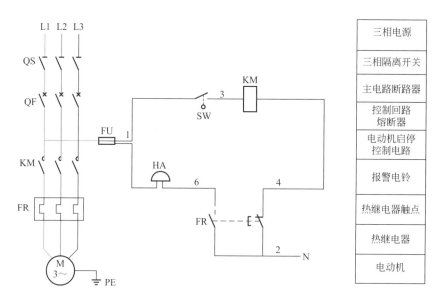

图1-53 拉线开关操作、无状态信号、过载报警的220V控制电路

操作与电路原理

① 合上隔离开关QS，将操作手柄扳到箭头指向的位置。

② 合上断路器QF（图中的QF处于合闸状态）。

③ 合上控制回路熔断器FU。

④ 拉一下拉线开关SW，电动机运转。电动机运行中。拉一下SW，电动机停止运转。

⑤ 电动机过载时，热继电器FR动作，动断触点FR断开，接触器KM线圈断电释放，三个主触点断开，电动机断电停止运行。查明过载原因，排除故障，按复位钮，热继电器复位。热继电器FR的95、96是动断触点的标号；97、98是动合触点的标号。

⑥ 电动机过载时，FR动合触点闭合，电铃HA得电电铃发出响声报警。按FR复位钮铃响停止。

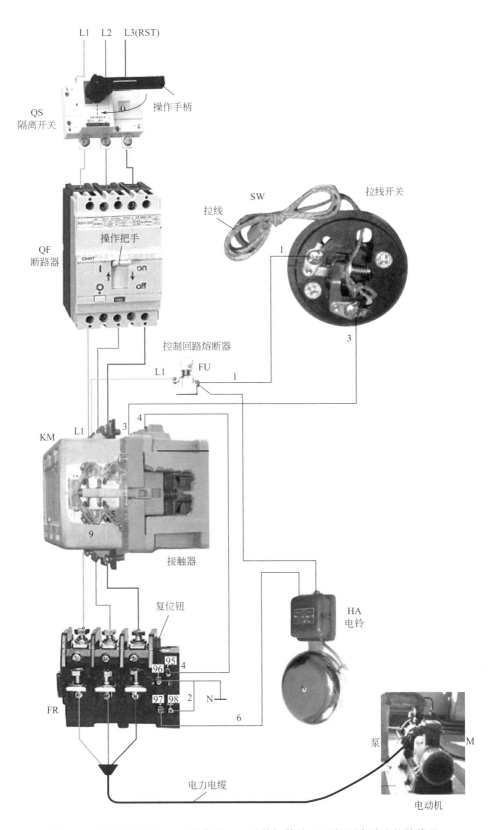

图1-54　拉线开关操作、无状态信号、过载报警的220V控制电路实物接线图

无信号灯、拉线开关启停的220V控制电路见图1-55，实物接线图见图1-56。

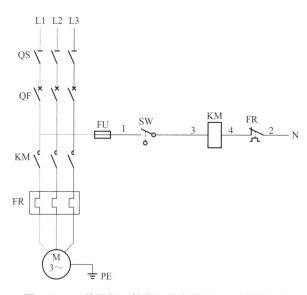

图1-55　无信号灯、拉线开关启停的220V控制电路

操作与电路原理

① 合上隔离开关QS，将操作手柄扳到箭头指向的位置。

② 合上断路器QF(图中的QF处于合闸状态)。

③ 合上控制回路熔断器FU。

④ 拉一下拉线开关SW，接触器KM得电动作，主触点闭合，电动机运转。

⑤ 电动机运行中，拉一下拉线开关SW，触点断开，切断接触器KM控制电路，接触器KM断电释放，其主触点三个同时断开，电动机断电停止运转。

⑥ 电动机过载时，热继电器FR动作，动断触点FR断开，接触器KM线圈断电释放，三个主触点断开，电动机断电停止运行。查明过载原因，排除故障，按复位钮、热继电器复位。

⑦ 热继电器FR的95、96是动断触点的标号；97、98是动合触点的标号。

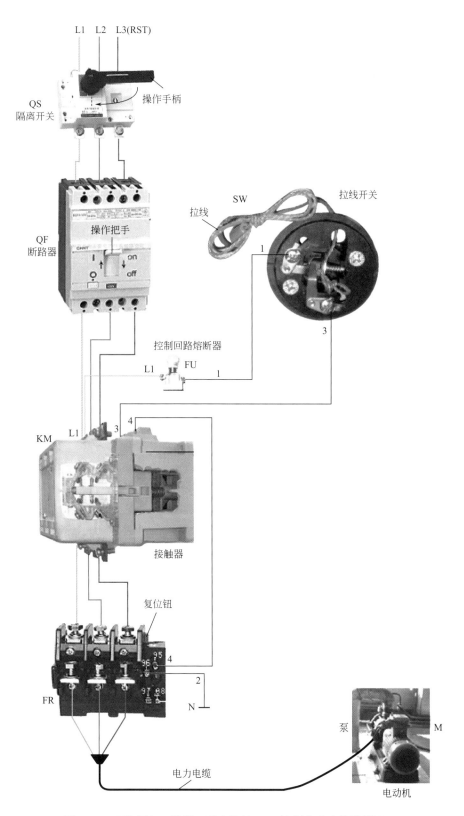

图1-56　无信号灯、拉线开关启停的220V控制电路实物接线图

例 028　可达到即时停机的延时自启动220V控制电路

原理图见图1-57，实物接线图见图1-58。

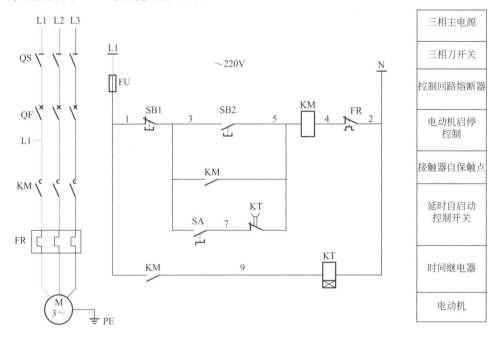

图1-57　可达到即时停机的延时自启动220V控制电路

电路工作原理

　　回路送电前，必须检查控制开关SA在断开位置，方可进行回路送电的操作，其送电操作顺序：合上三相隔离开关QS；合上低压断路器QF；合上控制回路熔断器FU。

　　按下启动按钮SB2，电源L1相→控制回路熔断器FU→1号线→停止按钮SB1动断触点→3号线→启动按钮SB2动合触点（按下时闭合）→5号线→接触器KM线圈→4号线→热继电器FR的动断触点→2号线→电源N极，构成220V电路。接触器KM线圈获电动作，接触器KM动合触点闭合自保，维持接触器KM工作状态，接触器KM三个主触点同时闭合，电动机绕组获得按L1、L2、L3排列的三相380V交流电源，电动机M启动运转。接触器KM动合触点闭合→9号线→时间继电器KT得电动作，动断触点延时5s断开。

　　延时自启动：电动机正常运转后，接通控制开关SA触点。系统瞬间停电时，接触器KM和时间继电器KT失电释放，虽然电动机断电，但仍在惯性运转，时间继电器KT断电后，其动断触点复位（动断触点闭合），电源恢复供电时，延时5s断开的KT动断触点，相当于启动按钮SB2的作用。这时，电源L1相→控制回路熔断器FU→1号线→停止按钮SB1动断触点→3号线→控制开关SA接通触点→7号线→仍在闭合中的时间继电器KT动断触点→5号线→接触器KM线圈→4号线→热继电器FR的动断触点→2号线→电源N极，构成220V电路。接触器KM线圈获电动作，接触器KM动合触点闭合自保，维持KM的工作状态，接触器KM三个主触点同时闭合，电动机得电启动运转。

正常停机前，先断开控制开关SA，然后，按下停止按钮SB1动断触点断开，切断接触器KM线圈控制电路，接触器KM断电释放，三个主触点同时断开，电动机M绕组脱离三相380V交流电源停止转动，所驱动的机械设备停止运行。

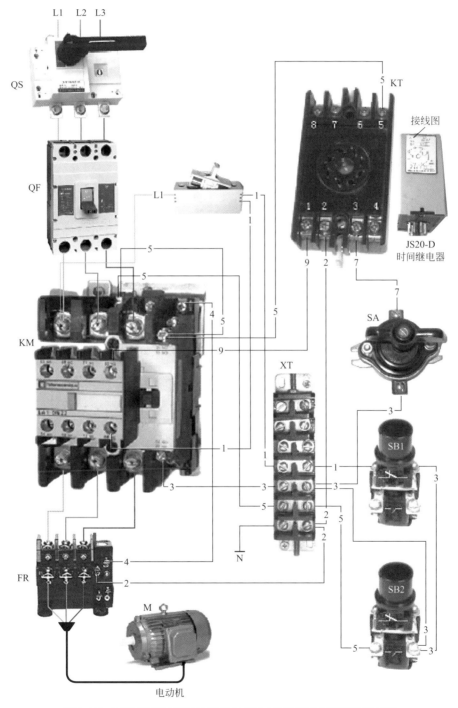

图1-58 可达到即时停机的延时自启动220V控制电路实物接线图

一次保护、按整定时间停止工作的380V控制电路

原理图见图1-59，实物接线图见图1-60。

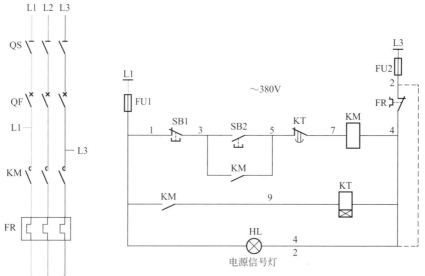

思考：信号灯HL的出线端接FR动断触点一侧4号线与信号
灯HL的出线端接FU2下侧的2号线作用相同吗？（实
物接线图中的信号灯是接在FU2下侧。）

图1-59　一次保护、按整定时间停止工作的380V控制电路

电路工作原理

　　按下启动按钮SB2，其动合触点闭合。电源L1相→控制回路熔断器FU1→1号线→停止按钮SB1动断触点→3号线→启动按钮SB2动合触点（按下时闭合）→5号线→时间继电器KT延时断开的动断触点→7号线→接触器KM线圈→4号线→热继电器FR动断触点→2号线→控制回路熔断器FU2→电源L3相。线圈两端形成380V的工作电压，接触器KM线圈得到380V的电压动作，KM的动合触点闭合自保。主电路中的接触器KM三个主触点同时闭合，电动机M绕组获得三相380V交流电源，电动机运转驱动机械设备工作。

　　KM的动合触点闭合→9号线→时间继电器KT线圈得电动作，开始计时30min。

　　整定的时间到，时间继电器KT延时断开的动断触点断开，切断接触器KM线圈控制电路，接触器KM线圈断电释放，接触器KM的三个主触点同时断开，电动机M绕组脱离三相380V交流电源停止转动，机械设备停止工作。

　　如果在整定的时间内，要停机可以按下停止按钮SB1，动断触点SB1断开，切断接触器KM线圈控制电路，接触器KM线圈断电释放，接触器KM的三个主触点同时断开，电动机M绕组脱离三相380V交流电源停止转动，机械设备停止工作。

过负荷时，主回路中的热继电器FR动作，热继电器FR的动断触点断开，切断接触器KM线圈控制电路，接触器KM断电释放，三个主触点同时断开，电动机M绕组脱离三相380V交流电源停止转动，所拖动的机械设备停止运行。

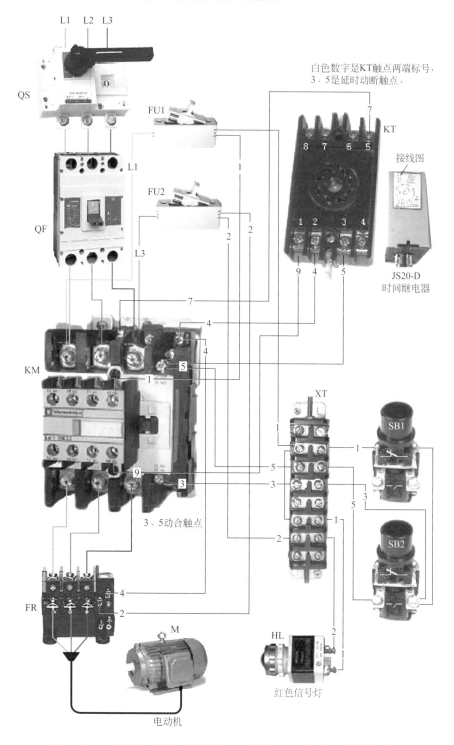

图1-60 一次保护、按整定时间停止工作的380V控制电路实物接线图

例 030　一次保护、可选整定时间停止工作的220V控制电路

原理图见图1-61，实物接线图见图1-62。

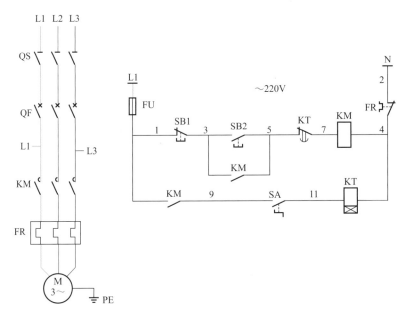

图1-61　一次保护、可选整定时间停止工作的220V控制电路

 **电路工作原理**

　　按下启动按钮SB2，其动合触点闭合。电源L1相→控制回路熔断器FU→1号线→停止按钮SB1动断触点→3号线→启动按钮SB2动合触点（按下时闭合）→5号线→时间继电器KT延时断开的动断触点→7号线→接触器KM线圈→4号线→热继电器FR动断触点→2号线→电源N极。线圈两端形成220V的工作电压，接触器KM线圈得到220V的电压动作，KM的动合触点闭合自保。主电路中的接触器KM三个主触点同时闭合，电动机M绕组获得三相380V交流电源，电动机运转驱动机械设备工作。

　　如果控制开关SA在合位。KM的动合触点闭合→9号线→控制开关SA接通触点→11号线→时间继电器KT线圈得电动作，开始计时30min。

　　整定的时间到，时间继电器KT延时断开的动断触点断开，切断接触器KM线圈控制电路，接触器KM线圈断电释放，接触器KM的三个主触点同时断开，电动机M绕组脱离三相380V交流电源停止转动，机械设备停止工作。

　　如果在整定的时间内，要停机可以按下停止按钮SB1，动断触点SB1断开，切断接触器KM线圈控制电路，接触器KM线圈断电释放，接触器KM的三个主触点同时断开，电动机M绕组脱离三相380V交流电源停止转动，机械设备停止工作。

　　过负荷时，主回路中的热继电器FR动作，热继电器FR的动断触点断开，切断接触器KM线圈控制电路，接触器KM断电释放，三个主触点同时断开，电动机M绕组脱离三相380V交流电源停止转动，所拖动的机械设备停止运行。

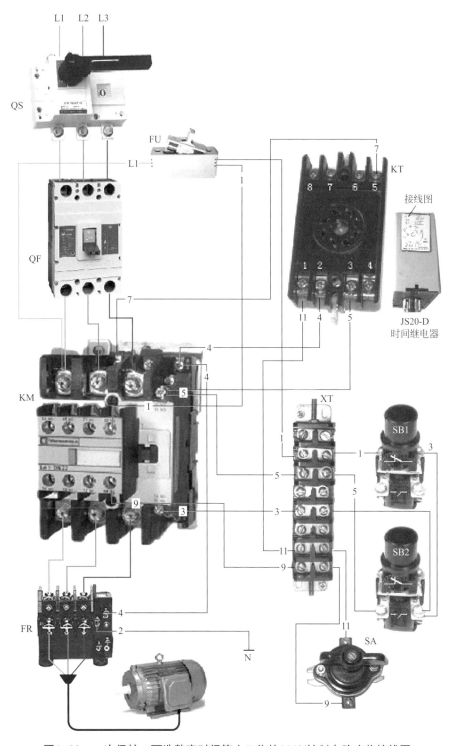

图1-62　一次保护、可选整定时间停止工作的220V控制电路实物接线图

例 031 **一次保护、按整定时间停止工作的220V/36V控制电路**

原理图见图1-63，实物接线图见图1-64。

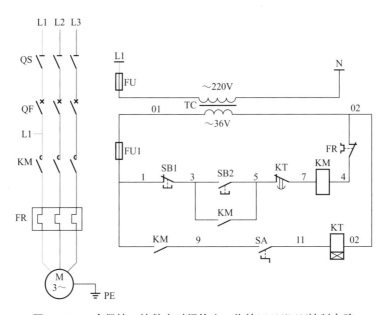

图1-63　一次保护、按整定时间停止工作的220V/36V控制电路

电路工作原理

　　合上主回路中的隔离开关QS；合上主回路中的断路器QF；合上控制变压器TC一次回路中的熔断器FU，控制变压器TC投入。合上控制变压器TC二次回路中的熔断器FU1,TC二次向电动机控制回路提供36V的工作电源。

　　按下启动按钮SB2，控制变压器二次36V绕组的01号一端→熔断器FU1→1号线→停止按钮SB1动断触点→3号线→启动按钮SB2动合触点（按下时闭合）→5号线→时间继电器KT延时断开的动断触点→7号线→接触器KM线圈→4号线→热继电器FR动断触点→02号线→变压器TC绕组的另一端，接触器KM线圈形成36V的工作电压，接触器KM线圈得到36V的电压动作，KM的动合触点闭合自保。主电路中的接触器KM三个主触点同时闭合，电动机M绕组获得三相380V交流电源，电动机运转驱动机械设备工作。

　　如果控制开关SA在合位。KM的动合触点闭合→9号线→控制开关SA接通触点→11号线→时间继电器KT线圈得电动作，开始计时30min。

　　整定的时间到，时间继电器KT延时断开的动断触点断开，切断接触器KM线圈控制电路，接触器KM线圈断电释放，接触器KM的三个主触点同时断开，电动机M绕组脱离三相

380V交流电源，停止转动，机械设备停止工作。

　　如果在整定的时间内要停机，按下停止按钮SB1，其动断触点断开，切断接触器KM线圈控制电路，接触器KM线圈断电释放，接触器KM的三个主触点同时断开，电动机M绕组脱离三相380V交流电源，停止转动，机械设备停止工作。

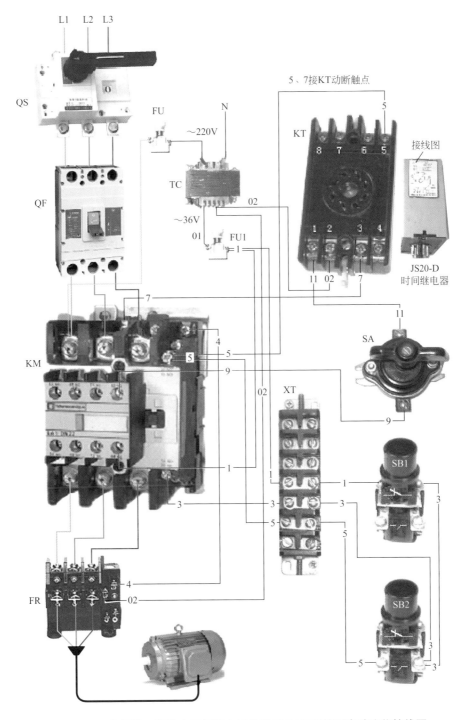

图1-64　一次保护、按整定时间停止工作的220V/36V控制电路实物接线图

例 **032**

过载报警、按钮启停的220V控制电路

原理图见图1-65，实物接线图见图1-66。

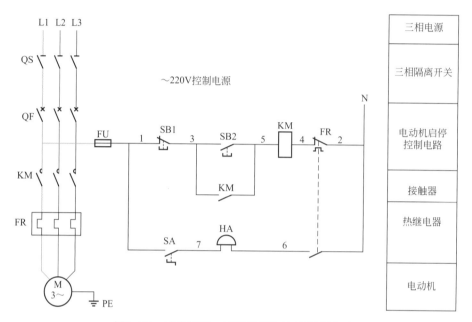

图1-65　过载报警、按钮启停的220V控制电路

📖 电路工作原理 🔄

经过检查电动机符合运转条件，送电操作顺序：合上三相隔离开关QS，合上低压断路器QF，合上控制回路熔断器FU。

按下启动按钮SB2动合触点闭合。电源L1相→控制回路熔断器FU→1号线→停止按钮SB1动断触点→3号线→启动按钮SB2动合触点（按下时闭合）→5号线→接触器KM线圈→4号线→热继电器FR的动断触点→2号线→电源N极，构成220V电路。接触器KM线圈获电动作，接触器KM动合触点闭合自保，维持接触器KM工作状态，接触器KM三个主触点同时闭合，电动机绕组获得按L1、L2、L3排列的三相380V交流电源，电动机M启动运转。

按下停止按钮SB1，其动断触点断开，切断接触器KM线圈控制电路，接触器KM线圈断电释放，接触器KM的三个主触点同时断开，电动机M绕组脱离三相380V交流电源停止转动，机械设备停止工作。

电动机过负荷时，当负荷电流达到热继电器FR的整定值，热继电器FR动作，动断触点FR断开，切断接触器KM线圈电路，接触器KM线圈断电释放，三个主触点同时断开，电动机绕组脱离三相380V交流电源停止转动，机械设备停止工作。

　　过载时热继电器FR的动合触点闭合，电源L1相→控制回路熔断器FU→1号线→音响解除开关SA→7号线→报警电铃HA线圈→6号线→闭合的热继电器FR的动合触点→2号线→电源N极。电铃HA得电，铃响报警。

　　断开解除开关SA，报警电铃HA线圈断电，过载报警音响终止。电工经过检查确认过载原因，并且处理后，按下热继电器FR复位钮，热继电器复位。

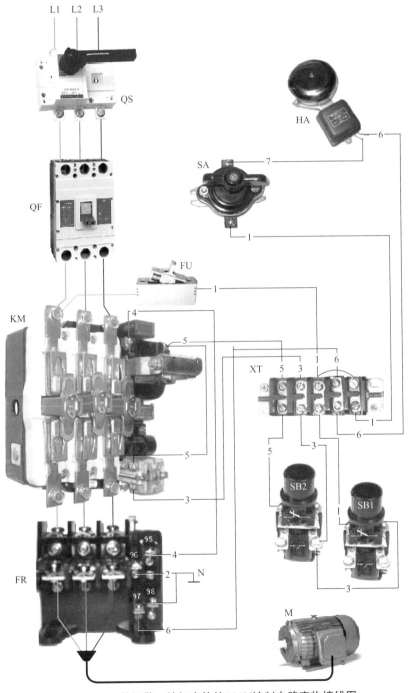

图1-66　过载报警、按钮启停的220V控制电路实物接线图

例 **033** **过载报警、按钮启停的380V控制电路**

原理图见图1-67，实物接线图见图1-68。

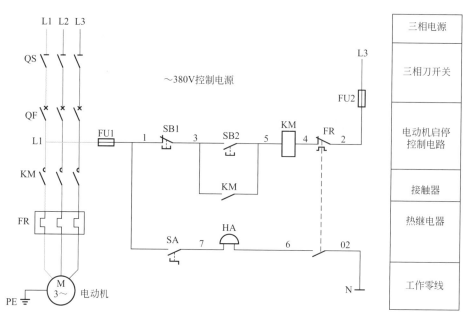

图1-67　过载报警、按钮启停的380V控制电路

 **电路工作原理**

合上三相隔离开关QS，合上低压断路器QF，合上控制回路熔断器FU1、FU2。

按下启动按钮SB2，电源L1 相→控制回路熔断器FU1→1号线→停止按钮SB1动断触点→3号线→启动按钮SB2动合触点（按下时闭合）→5号线→接触器KM线圈→4号线→热继电器FR的动断触点→2号线→控制回路熔断器FU2→电源L3，构成380V电路。接触器KM线圈获电动作，接触器KM动合触点闭合自保，维持接触器KM工作状态，接触器KM三个主触点同时闭合，电动机绕组获得按L1、L2、L3排列的三相380V交流电源电动机M启动运转。

按下停止按钮SB1，其动断触点断开，切断接触器KM线圈控制电路，接触器KM线圈断电释放，接触器KM的三个主触点同时断开，电动机M绕组脱离三相380V交流电源停止转动，机械设备停止工作。

电动机过负荷，当负荷电流达到热继电器FR的整定值时，热继电器FR动作，动断触点FR断开，切断接触器KM线圈电路，接触器KM线圈断电释放，三个主触点同时断开，电动机绕组脱离三相380V交流电源停止转动，机械设备停止工作。

过载时热继电器FR的动合触点闭合，电源L1相→控制回路熔断器FU1→1号线→解除音响开关SA→7号线→报警电铃HA线圈→6号线→闭合的热继电器FR的动合触点→02号线→电源N极。电铃HA得电，铃响报警。断开解除开关SA，报警电铃HA线圈断电，过载报警音响终止。电工经过检查确认过载原因，并且处理后，按下热继电器FR复位钮，热继电器复位。

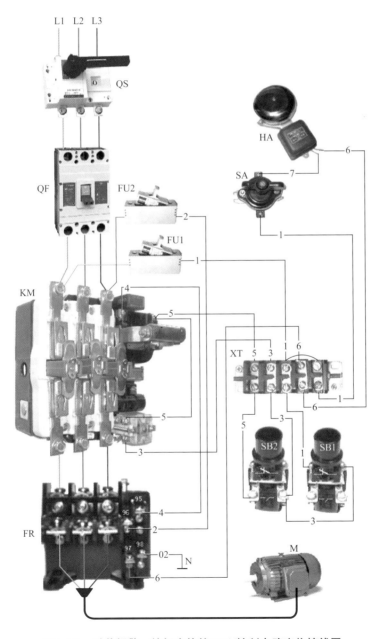

图1-68 过载报警、按钮启停的380V控制电路实物接线图

例 034 采用紧急开关启停的220V控制电路

采用紧急开关启停的220V控制电路实物接线图见图1-69。

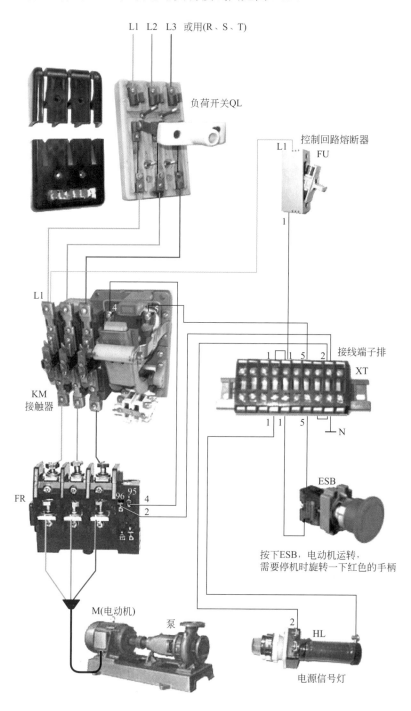

L1 L2 L3 或用(R、S、T)

负荷开关QL

控制回路熔断器
L1
FU
1

L1
4

接线端子排
1 1 5 2
XT

KM
接触器

1 1 5
N

ESB

FR
96 95
4
2

按下ESB，电动机运转，
需要停机时旋转一下红色的手柄

M(电动机)
泵

2
HL

电源信号灯

图1-69　采用紧急开关启停的220V控制电路实物接线图

例 035　一次保护、按钮启停、有电源信号灯的380V控制电路

原理图见图1-70，实物接线图见图1-71。

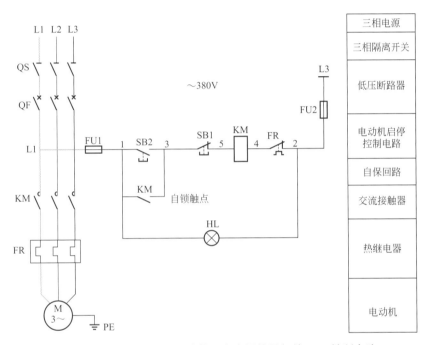

图1-70　一次保护、按钮启停、有电源信号灯的380V控制电路

电路工作原理

合上三相隔离开关QS；合上低压断路器QF；合上控制回路熔断器FU1、FU2。电源信号灯HL得电，亮灯表示控制电路具备控制条件。

按下启动按钮SB2，电源L1 相→控制回路熔断器FU1→1号线→启动按钮SB2动合触点（按下时闭合）→3号线→停止按钮SB1动断触点→5号线→接触器KM线圈→4号线→热继电器FR的动断触点→2号线→控制回路熔断器FU2→电源L3，构成380V电路。接触器KM线圈获电动作，接触器KM动合触点闭合自保，维持接触器KM工作状态，接触器KM三个主触点同时闭合，电动机绕组获得按L1、L2、L3排列的三相380V交流电源，电动机M启动运转。

按下停止按钮SB1，其动断触点断开，切断接触器KM线圈控制电路，接触器KM线圈断电释放，接触器KM的三个主触点同时断开，电动机M绕组脱离三相380V交流电源停止转动，机械设备停止工作。

电动机过负荷时，负荷电流达到热继电器FR的整定值，热继电器FR动作，动断触点FR断开，切断接触器KM线圈电路，接触器KM线圈断电释放，三个主触点同时断开，电动机绕组脱离三相380V交流电源停止转动，机械设备停止工作。

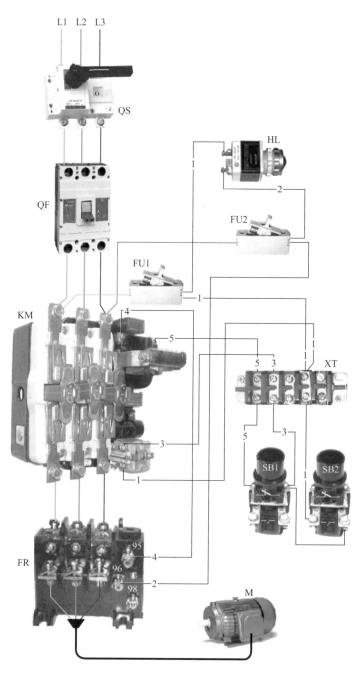

图1-71　一次保护、按钮启停、有电源信号灯的380V控制电路实物接线图

例 036

有电压表、启停信号、按钮启停的220V控制电路

原理图见图1-72，实物接线图见图1-73。

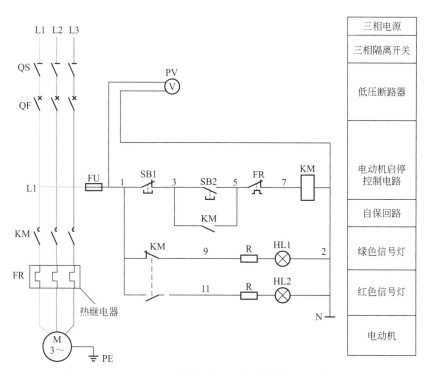

图1-72 有电压表、启停信号、按钮启停的220V控制电路

 **电路工作原理**

合上三相隔离开关QS；合上低压断路器QF；合上控制回路熔断器FU。停机状态信号灯HL1得电，亮灯表示控制电路具备控制条件。合上控制回路熔断器FU后，电压表PV有230V左右的显示。

按下启动按钮SB2，电源L1 相→控制回路熔断器FU→1号线→停止按钮SB1动断触点→3号线→启动按钮SB2动合触点（按下时闭合）→5号线→热继电器FR的动断触点→7号线→接触器KM线圈→2号线→电源N极，构成220V电路。接触器KM线圈获电动作，接触器KM动合触点闭合自保，维持接触器KM工作状态，接触器KM三个主触点同时闭合，电动机绕组获得按L1、L2、L3排列的三相380V交流电源，电动机M启动运转。

接触器KM动合触点闭合→11号线→信号灯HL2 →2号线→信号灯HL2得电，灯亮表示电动机运行。

　　按下停止按钮SB1，其动断触点断开，切断接触器KM线圈控制电路，接触器KM断电释放，三个主触点同时断开，电动机绕组脱离三相380V交流电源停止运转，机械设备停止工作。

　　电动机过负荷，当负荷电流达到热继电器FR的整定值时，热继电器FR动作，动断触点FR断开，切断接触器KM线圈电路，接触器KM线圈断电释放，三个主触点同时断开，电动机绕组脱离三相380V交流电源停止转动，机械设备停止工作。

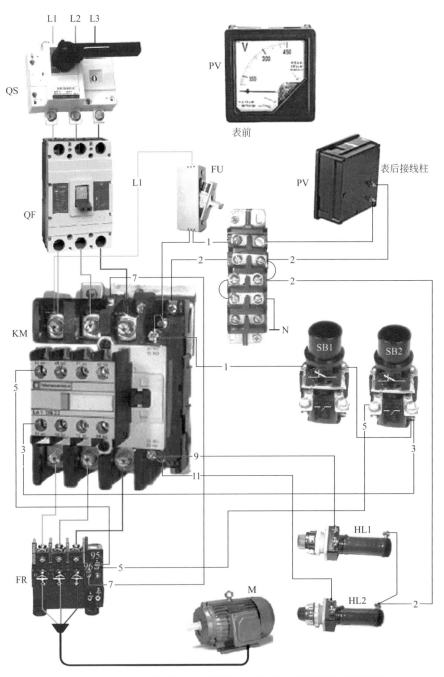

图1-73　有电压表、启停信号、按钮启停的220V控制电路实物接线图

按钮启停、有过载光字显示的220V控制电路

原理图见图1-74,实物接线图见图1-75。

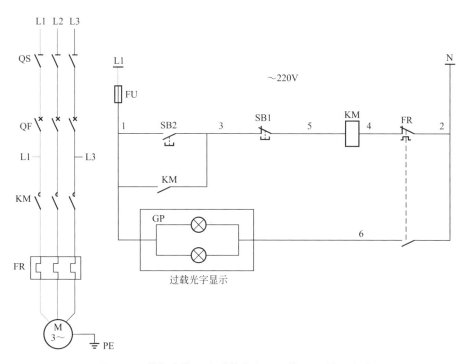

图1-74 按钮启停、有过载光字显示的220V控制电路

 电路工作原理

合上三相隔离开关QS;合上低压断路器QF;合上控制回路熔断器FU。

按下启动按钮SB2,电源L1相→控制回路熔断器FU→1号线→启动按钮SB2动合触点(按下时闭合)→3号线→停止按钮SB1动断触点→5号线→接触器KM线圈→4号线→热继电器FR的动断触点→2号线→电源N极,构成220V电路。接触器KM线圈获电动作,接触器KM动合触点闭合自保,维持接触器KM工作状态,接触器KM三个主触点同时闭合,电动机绕组获得按L1、L2、L3排列的三相380V交流电源,电动机M启动运转。

按下停止按钮SB1,其动断触点断开,切断接触器KM线圈控制电路,接触器KM断电释放,三个主触点同时断开,电动机绕组脱离三相380V交流电源停止运转,机械设备停止工作。

过负荷时,热继电器FR动作,其动断触点切断接触器KM控制电路,接触器KM断电释放,三个主触点同时断开,电动机M断电停止运转。

　　FR动合触点闭合，电源L1相→控制回路熔断器FU→1号线→光字显示牌GP（灯）→6号线→闭合的FR动合触点→2号线→过载光字显示牌GP得电灯亮，上面标注（电动机过载停机）。 查明过载原因处理后，按热继电器FR的复位键，使热继电器动断触点复位，光字显示牌GP灯灭。

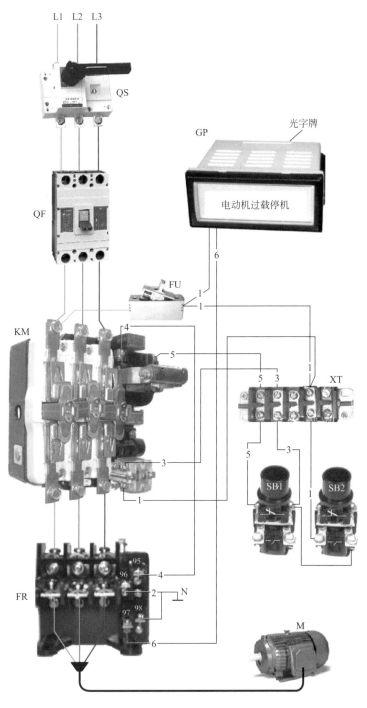

图1-75　按钮启停、有过载光字显示的220V控制电路实物接线图

例 **038**

启动前发预告信号、有启停信号灯的一启两停的220V控制电路

原理图见图1-76，实物接线图见图1-77。

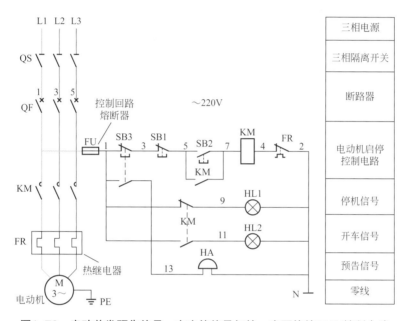

图1-76　启动前发预告信号、有启停信号灯的一启两停的220V控制电路

电路工作原理

合上控制回路熔断器FU后，停机状态信号灯HL1得电，亮灯表示控制电路具备控制条件。按下停止按钮SB3，其动断触点断开，切断电动机启停回路。按到SB3动合触点闭合，电铃HA得电铃响，通知电动机即将启动。手离开SB3铃响终止。

按下启动按钮SB2，电源L1相→控制回路熔断器FU→1号线→停止按钮SB3动断触点→3号线→停止按钮SB1动断触点→5号线→启动按钮SB2动合触点（按下时闭合）→7号线→接触器KM线圈→4号线→热继电器FR的动断触点→2号线→电源N极。

电路接通，接触器KM线圈获得220V电压动作，动合触点KM闭合自保，维持接触器KM的工作状态，接触器KM三个主触点同时闭合，电动机绕组获三相380V交流电源，电动机M启动运转，所驱动的机械设备工作。接触器KM动合触点闭合→11号线→红色信号灯HL2得电灯亮，表示电动机M运行状态。

　　按下停止按钮SB1或按停止按钮SB3，其动断触点断开，切断接触器KM线圈控制电路，接触器KM断电释放，三个主触点同时断开，电动机绕组脱离三相380V交流电源停止运转，机械设备停止工作。

　　过负荷时，热继电器FR动作，其动断触点切断接触器KM控制电路，接触器KM断电释放，三个主触点同时断开，电动机M断电停止运转。

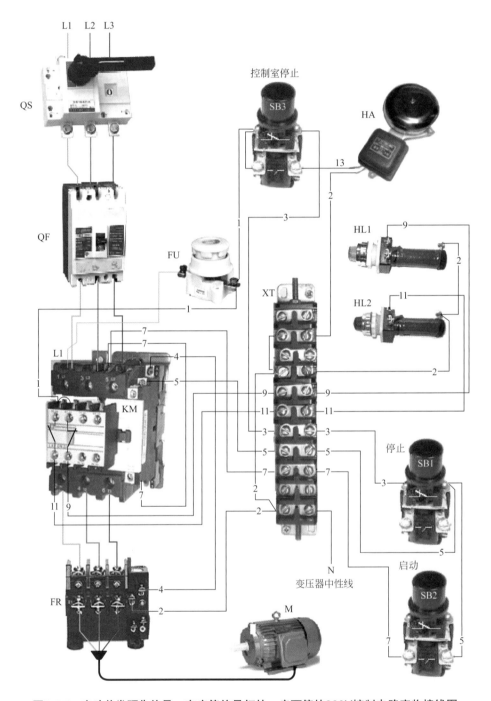

图1-77　启动前发预告信号、有启停信号灯的一启两停的220V控制电路实物接线图

例 **039**

启动前发预告信号、有信号灯的一启两停的380V控制电路

原理图见图1-78，实物接线图见图1-79。

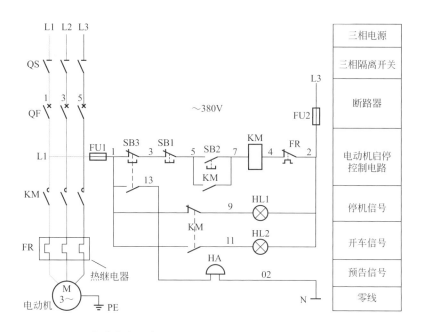

图1-78　启动前发预告信号、有信号灯的一启两停的380V控制电路

电路工作原理

合上控制回路熔断器FU1后，停机状态信号灯HL1得电，亮灯表示控制电路具备控制条件。按下停止按钮SB3，其动断触点断开，切断电动机启停回路。按到SB3动合触点闭合时，电源L1相→控制回路熔断器FU1→1号线→闭合的SB3动合触点→13号线→电铃HA线圈→02号线→电源N极，电铃得电铃响，通知电动机即将启动。手离开SB3铃响终止。

按下启动按钮SB2，电源L1相→控制回路熔断器FU1→1号线→停止按钮SB3动断触点→3号线→停止按钮SB1动断触点→5号线→启动按钮SB2动合触点（按下时闭合）→7号线→接触器KM线圈→4号线→热继电器FR的动断触点→2号线→控制回路熔断器FU2→电源L3相。电路接通，接触器KM线圈获得380V电压动作，动合触点KM闭合自保，维持接触器KM的工作状态。

接触器KM三个主触点同时闭合，电动机绕组获三相380V交流电源，电动机M启动运转，所驱动的机械设备工作。接触器KM动合触点闭合→11号线→红色信号灯HL2得电灯亮，表示电动机M运行状态。

按下停止按钮SB1或停止按钮SB3，其动断触点断开，切断接触器KM线圈控制电路，接触器KM断电释放，三个主触点同时断开，电动机绕组脱离三相380V交流电源停止运转，机械设备停止工作。

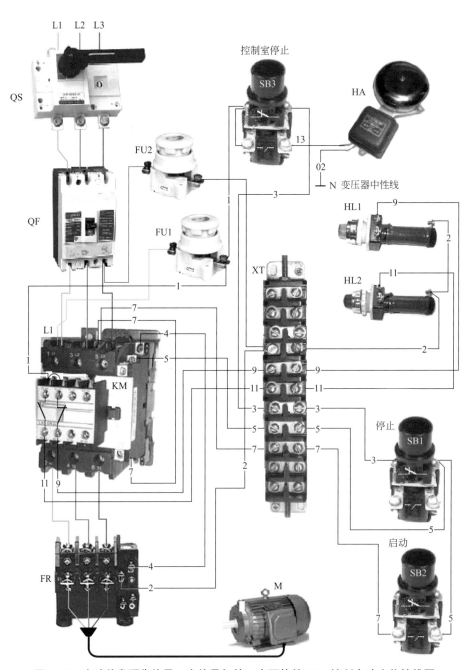

图1-79　启动前发预告信号、有信号灯的一启两停的380V控制电路实物接线图

例 040　按钮启停，加有电压表的380V控制电路

原理图见图1-80，实物接线图见图1-81。

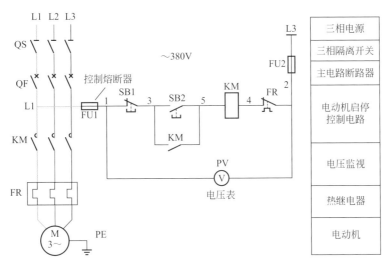

图1-80　按钮启停、加有电压表的380V控制电路

电路工作原理

　　合上三相隔离开关QS；合上低压断路器QF；合上控制回路熔断器FU1、FU2，电压表PV有380V左右的显示。

　　按下启动按钮SB2，电源L1相→控制回路熔断器FU1→1号线→停止按钮SB1动断触点→3号线→启动按钮SB2动合触点（按下时闭合）→5号线→接触器KM线圈→4号线→热继电器FR的动断触点→2号线→控制回路熔断器FU2→电源L3相，构成380V电路。接触器KM线圈获电动作，接触器KM动合触点闭合自保，维持接触器KM工作状态，接触器KM三个主触点同时闭合，电动机绕组获得按L1、L2、L3排列的三相380V交流电源，电动机M启动运转。

　　按下停止按钮SB1，其动断触点断开，切断接触器KM线圈控制电路，接触器KM断电释放，三个主触点同时断开，电动机绕组脱离三相380V交流电源停止运转，机械设备停止工作。

电动机过负荷，当负荷电流达到热继电器FR的整定值时，热继电器FR动作，动断触点FR断开，切断接触器KM线圈电路，接触器KM线圈断电释放，三个主触点同时断开，电动机绕组脱离三相380V交流电源停止转动，机械设备停止工作。

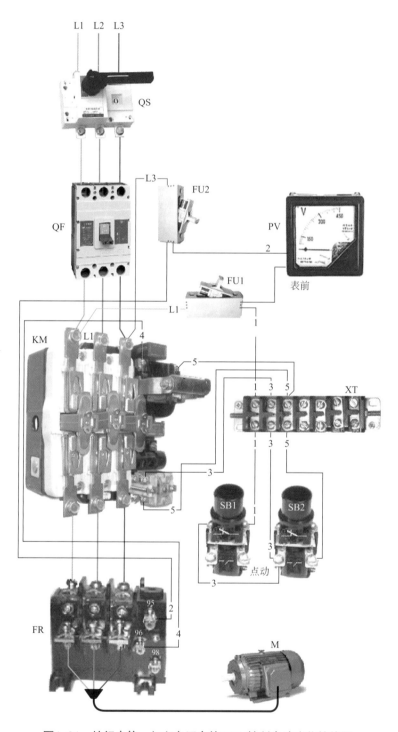

图1-81　按钮启停、加有电压表的380V控制电路实物接线图

例 041 一次保护、KG316T微电脑时控开关直接启停水泵的 220V控制电路

从例041～例046为KG316T微电脑时控开关用于电动机的定时启停的控制电路。安装过程中作为电工务必仔细阅读KG316T微电脑时控开关说明书,正确使用KG316T微电脑时控开关,按说明书进行时间的设定。

原理图见图1-82,实物接线图见图1-83。

定时的设置方法

按图1-82接线后,进行启停水泵的运行时间的设定,设定方法如下:

(1)先检查时钟显示是否与当前时间一致,如需重新校准,在按住"时钟"键的同时,分别按住"校星期"、"校时"、"校分"键,将时钟调到当前准确时间;

(2)按一下"定时"键,显示屏左下方出现"1$_开$"字样(表示第一次开启时间)。然后按"校星期"选择六天工作制、五天工作制、三天工作制、每日相同、每日不同等工作模式,再按"校时"、"校分"键,输入所需开启的时间;

(3)再按一下"定时"键,显示屏左下方出现"1$_关$"字样(表示第一次关闭时间),再按"校星期"、"校时"、"校分"键,输入所需关闭的日期(注意:关的日期一定要与开的日期相对应)和时间;

(4)继续按动"定时"键,显示屏左下方将依次显示"2$_开$、2$_关$、3$_开$、3$_关$、…、10$_开$、10$_关$",参考步骤(2)、(3)设置以后各次开关时间;

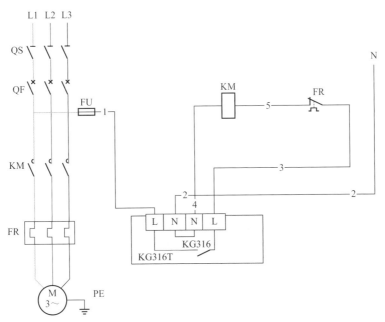

图1-82 一次保护、KG316T微电脑时控开关直接启停水泵的220V控制电路

（5）如果每天不需设置10组开关，则必须按"取消／恢复"键，将多余各组的时间消除，使其在显示屏上显示"——：——"图样（不是00：00）；

（6）定时设置完毕后，应按"定时"键检查各次定时设定情况是否与实际情况一致，若不一致，请按校时、校分、校星期进行调整或重新设定；

（7）检查完毕后，应按"时钟"键，使显示屏显示当前时间；

（8）按"自动／手动"键，将显示屏下方的"▼"符号调到"自动"位置，此时，时控开关才能根据所设定的时间自动开、关电路。如在使用过程，中需要临时开、关电路，则只需按"自动／手动"键将"▼"符号调到相应的"开"或"关"的位置。

［例1］某电器需每天19：00通电，次日08：00断电。

A. 按照步骤（1）、（2），使显示屏显示如例图（a）所示。

B. 按照步骤（3），使显示屏显示如例图1（b）所示。

C. 按照步骤（5），使以后各组"2$^\text{开}$、2$_\text{关}$、…、10$^\text{开}$、10$_\text{关}$"的时间在显示屏上显示为"——：——"。

D. 重复按"定时"键，检查各组开关时间是否与要求的一样，如不正确，还应重复A、C。

E. 按照步骤（8），将"▼"符号调到"自动"位置。

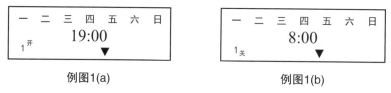

例图1(a)　　　　　　　　　　例图1(b)

［例2］某电器需要每星期一至星期五上午9：30通电，下午4：30断电。按上述A～E的方法使显示屏分别显示如例图2（a）、例图2（b）所示。

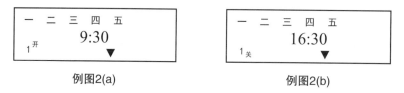

例图2(a)　　　　　　　　　　例图2(b)

电路工作原理

合上主回路中的隔离开关QS；合上主回路中的断路器QF；合上控制回路中的熔断器FU。KG316T微电脑时控开关开始计时。

启动电动机的时间和停机时间已经调整好（按12H调节），合上熔断器FU，定时开关内部电路开始计时，当启动时间到，KG316T微电脑定时开关的触点闭合，电源L1→熔断器FU→1号线→KG316T进线端子（L）→KG316T定时开关闭合的动合触点→开关KG316T出线端子（L）→3号线→热继电器FR动断触点→5号线→接触器KM线圈→4号线→KG316T端子（N）→KG316T端子（N）→2号线→电源N。接触器KM线圈获得交流220V的工作电压动作，接触器KM三个主触点同时闭合，电动机绕组获得三相380V交流电源，电动机启动运转，驱动泵用的电动机工作。

调整的停泵时间到，KG316T定时开关闭合的动合触点断开，接触器KM线圈断电释放，接触器KM三个主触点同时断开，电动机断电停止运转，泵停止工作。

　　电动机过负荷时，负荷电流达到热继电器FR的整定值，热继电器FR动作，动断触点FR断开，切断接触器KM线圈控制电路，接触器KM断电释放，KM的三个主触点同时断开，电动机绕组脱离三相380V交流电源停止转动，机械设备停止工作。

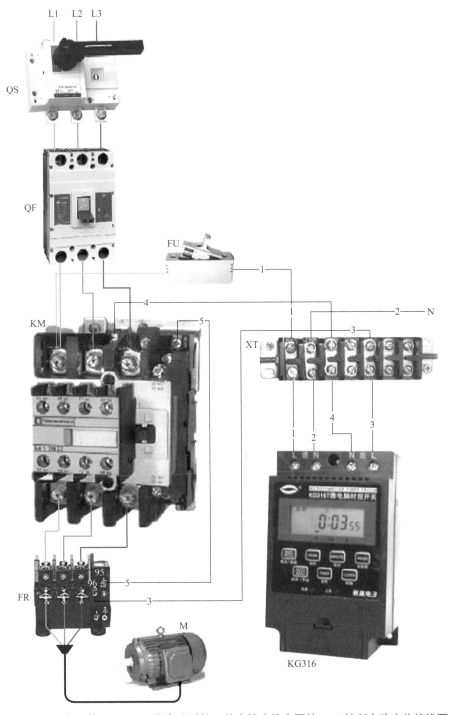

图1-83　一次保护、KG316T微电脑时控开关直接启停水泵的220V控制电路实物接线图

有启停信号灯、KG316T微电脑时控开关直接启停水泵的220V控制电路

原理图见图1-84，实物接线图见图1-85。

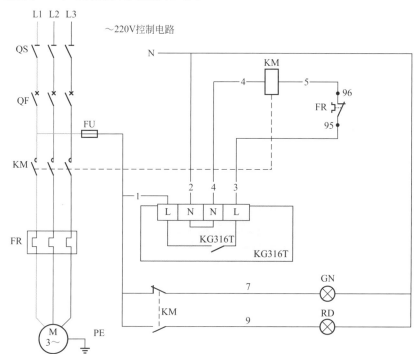

图1-84　有启停信号灯、KG316T微电脑时控开关直接启停水泵的220V控制电路

　　合上主回路中的隔离开关QS；合上主回路中的断路器QF；合上控制回路中的熔断器FU。KG316T微电脑时控开关开始计时。

　　电源L1相→控制回路熔断器FU→1号线→接触器KM动断触点→7号线→信号灯GN→2号线→电源N极。电源信号灯GN得电灯亮，表示电动机回路送电状态，电动机处于随时可启停的备用状态。

　　启动电动机的时间和停机时间已经调整好（按12H调节），合上熔断器FU。当启动时间到，KG316T微电脑定时开关的触点闭合，电源L1→熔断器FU→1号线→KG316T进线端子（L）→KG316T定时开关闭合的动合触点→开关KG316T出线端子（L）→3号线→热继电器FR动断触点→5号线→接触器KM线圈→4号线→KG316T端子（N）→KG316T端子（N）→2号线→电源N。接触器KM线圈获得交流220V的工作电压动作，接触器KM三个主触点同时闭合，电动机绕组获得三相380V交流电源，电动机启动运转，驱动泵用的电动机工作。

　　接触器KM动合触点闭合。电源L1相→控制回路熔断器FU→1号线→接触器KM动合触点→9号线→信号灯RD→2号线→电源N极。电源信号灯RD得电灯亮，表示电动机处于运行状态。

　　调整的停泵时间到，KG316T定时开关的动合触点断开，接触器KM线圈断电释放，接触器KM三个主触点同时断开，电动机断电停止运转，泵停止工作。

　　电动机过负荷时，负荷电流达到热继电器FR的整定值，热继电器FR动作，动断触点FR断开，切断接触器KM线圈控制电路，接触器KM断电释放，KM的三个主触点同时断开，电动机绕组脱离三相380V交流电源停止转动，机械设备停止工作。

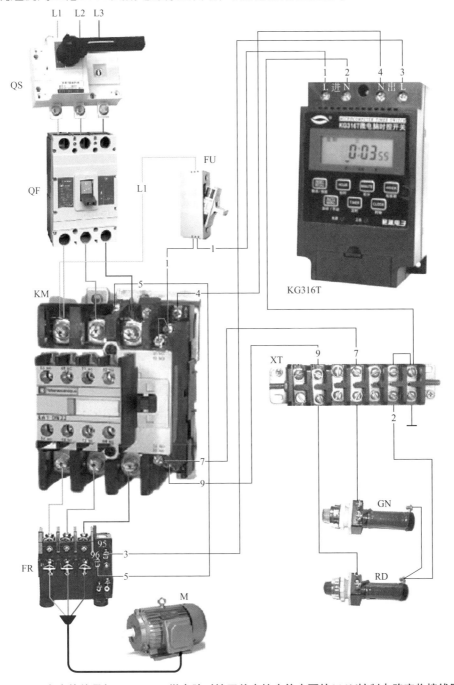

图1-85　有启停信号灯、KG316T微电脑时控开关直接启停水泵的220V控制电路实物接线图

例 **043** 有紧急停机开关、KG316T微电脑时控开关直接启停水泵的220V控制电路

原理图见图1-86，实物接线图见图1-87。

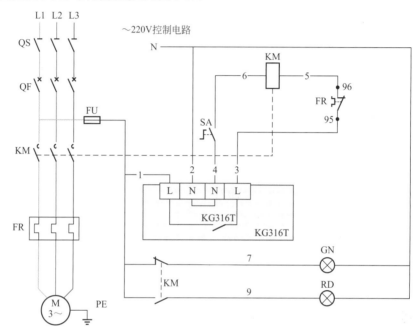

图1-86　有紧急停机开关、KG316T微电脑时控开关直接启停水泵的220V控制电路

电路工作原理

　　合上主回路中的隔离开关QS；合上主回路中的断路器QF；合上控制回路中的熔断器FU。
　　电源L1相→控制回路熔断器FU→1号线→接触器KM动断触点→7号线→信号灯GN→2号线→电源N极。电源信号灯GN得电灯亮，表示电动机回路送电状态，电动机处于按时间启停的备用状态。
　　启动电动机的时间和停机时间已经调整好（按12H调节），合上熔断器FU。当启动时间到，KG316T微电脑定时开关的触点闭合，电源L1→熔断器FU→1号线→KG316T进线端子（L）→KG316T定时开关闭合的动合触点→开关KG316T出线端子（L）→3号线→热继电器FR动断触点→5号线→接触器KM线圈→6号线→紧急停机开关SA接通的触点→4号线→KG316T端子（N）→KG316T端子（N）→2号线→电源N。接触器KM线圈获得交流220V的工作电压动作，接触器KM三个主触点同时闭合，电动机绕组获得三相380V交流电源，电动机启动运转，驱动泵用的电动机工作。
　　接触器KM动合触点闭合，电源L1相→控制回路熔断器FU→1号线→接触器KM动合触点→9号线→信号灯RD→2号线→电源N极。电源信号灯RD得电灯亮，表示电动机运行状态。
　　调整的停泵时间到，KG316T定时开关闭合的动合触点断开，接触器KM线圈断电释放，

接触器KM三个主触点同时断开，电动机断电停止运转，泵停止工作。

　　发现电动机或泵有意外，需要紧急停机，只要断开控制开关SA，切断接触器KM线圈控制电路，接触器KM断电释放，KM的三个主触点同时断开，电动机绕组脱离三相380V交流电源停止转动，机械设备停止工作。

　　电动机过负荷时，负荷电流达到热继电器FR的整定值，热继电器FR动作，动断触点FR断开，切断接触器KM线圈控制电路，接触器KM断电释放，KM的三个主触点同时断开，电动机绕组脱离三相380V交流电源停止转动，机械设备停止工作。

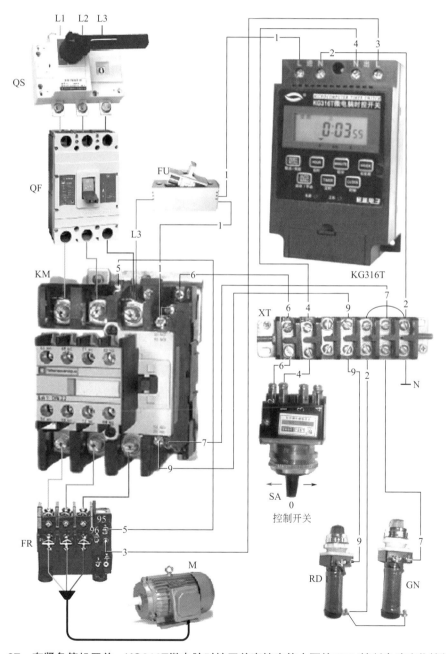

图1-87　有紧急停机开关、KG316T微电脑时控开关直接启停水泵的220V控制电路实物接线图

例 **044**

一次保护、可选择微电脑时控开关或按钮启停水泵的220V控制电路

原理图见图1-88。实物接线图见图1-89。控制电路有两种操作方式，按时间自动启停、手动操作按钮启停，通过选择开关SA进行选择。

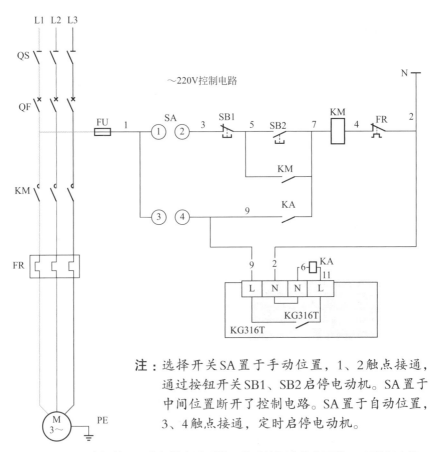

注：选择开关SA置于手动位置，1、2触点接通，
　　通过按钮开关SB1、SB2启停电动机。SA置于
　　中间位置断开了控制电路。SA置于自动位置，
　　3、4触点接通，定时启停电动机。

图1-88　一次保护、可选择微电脑时控开关或按钮启停水泵的220V控制电路

 **电路工作原理**

合上主回路中的隔离开关QS；合上主回路中的断路器QF；合上控制回路中的熔断器FU。完成上述操作，可以根据需要来选择操作方式。

（1）手动按钮操作启停

首先将控制开关SA置于手动操作位置，触点1、2接通。按下启动按钮SB2，电源L1

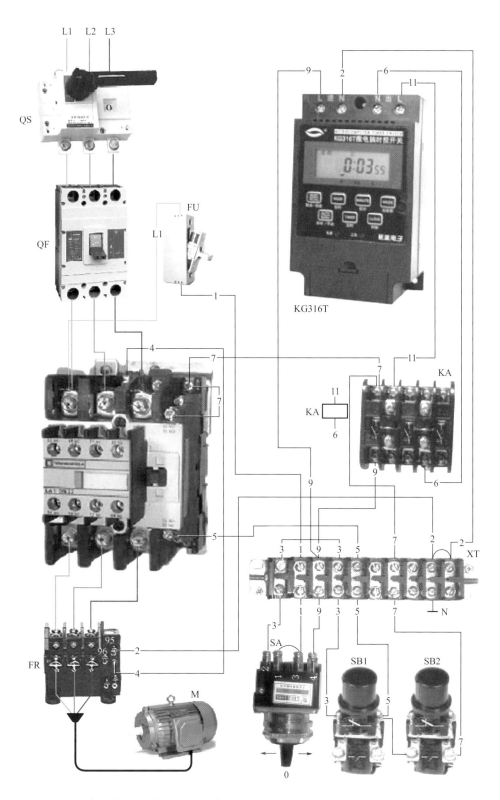

图1-89 一次保护、可选择微电脑时控开关或按钮启停水泵的220V控制电路实物接线图

相→控制回路熔断器 FU→1号线→操作方式选择开关 SA 触点①、②接通→3号线→停止按钮 SB1 动断触点→5号线→启动按钮 SB2 动合触点（按下时闭合）→7号线→接触器 KM 线圈→4号线→热继电器 FR 动断触点→2号线→电源 N 极。

接触器 KM 线圈得电动作，动合触点 KM 闭合自保。主电路中的接触器 KM 三个主触点同时闭合，电动机绕组获得三相380V交流电源，电动机运转驱动机械设备工作。

按下停止按钮 SB1，其动断触点断开，切断接触器 KM 线圈控制电路，接触器 KM 断电释放，三个主触点同时断开，电动机绕组脱离三相380V交流电源停止运转，机械设备停止工作。

如果把操作方式选择开关 SA 扳到中间位置，闭合的 SA 触点断开，同样能够切断接触器 KM 线圈控制电路，接触器 KM 断电释放，KM 的三个主触点同时断开，电动机绕组脱离三相380V交流电源停止运转，机械设备停止工作。

（2）按时间自动启停电动机

控制回路熔断器 FU 在合位，操作方式选择开关 SA 置于自动启停控制位置，触点③、④接通。

启动电动机的时间和停机时间（按需要时间调节）已经调整好，启动时间到。KG316T 微电脑定时开关的动合触点闭合，电源 L1→熔断器 FU→1号线→操作方式选择开关 SA 触点③、④接通→9号线→KG316T 进线端子（L）→KG316T 定时开关闭合的动合触点→开关 KG316T 出线端子（L）→11号线→中间继电器 KA 线圈→6号线→KG316T 端子（N）→KG316T 端子（N）→2号线→电源 N 极，中间继电器 KA 得电动作。泵控制电路中的中间继电器 KA 动合触点闭合，泵电动机是这样启动的：

电源 L1相→控制回路熔断器 FU→1号线→操作方式选择开关 SA 触点③、④接通→9号线→闭合的中间继电器 KA 动合触点→7号线→接触器 KM 线圈→4号线→热继电器 FR 动断触点→2号线→电源 N。接触器 KM 线圈获得交流220V的工作电压动作，接触器 KM 三个主触点同时闭合，电动机绕组获得三相380V交流电源，电动机启动运转，泵工作。

调整的停泵时间到，闭合的 KG316T 动合触点断开，中间继电器 KA 断电释放，闭合中的 KA 动合触点断开，接触器 KM 线圈断电释放，接触器 KM 三个主触点同时断开，电动机断电停止运转，泵停止工作。

（3）电动机过负荷停机

电动机过负荷时，负荷电流达到热继电器 FR 的整定值，热继电器 FR 动作，动断触点 FR 断开，切断接触器 KM 线圈控制电路，接触器 KM 断电释放，KM 的三个主触点同时断开，电动机绕组脱离三相380V交流电源停止转动，机械设备停止工作。

例 045 一次保护、单电流表、微电脑时控开关直接启停水泵的 220V 控制电路

原理图见图1-90，实物接线图见图1-91。回路中安装有电流表PA是为了监视电动机运行中的工作电流。

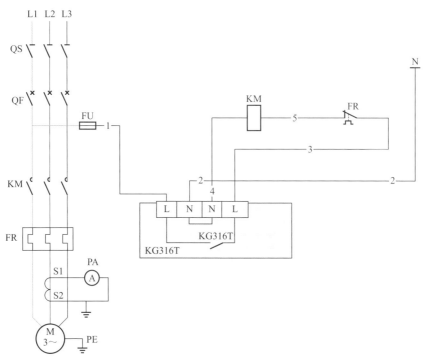

图1-90 一次保护、单电流表、微电脑时控开关直接启停水泵的220V控制电路

 **电路工作原理**

合上主回路中的隔离开关QS；合上主回路中的断路器QF；合上控制回路中的熔断器FU。KG316T微电脑时控开关开始计时。

启动电动机的时间和停机时间已经调整好（按12H调节），泵的启动时间到。KG316T微电脑定时开关的动合触点闭合，电源L1→熔断器FU→1号线→KG316T进线端子（L）→KG316T定时开关闭合的动合触点→开关KG316T出线端子（L）→3号线→热继电器FR动断触点→5号线→接触器KM线圈→4号线→KG316T端子（N）→KG316T端子（N）→2号线→电源N。接触器KM线圈获得交流220V的工作电压动作，接触器KM三个主触点同时闭合，电动机绕组获得三相380V交流电源，电动机启动运转，驱动泵用的电动机工作。

调整的停泵时间到，KG316T定时开关闭合的动合触点断开，接触器KM线圈断电释放，接触器KM三个主触点同时断开，电动机断电停止运转，泵停止工作。

　　电动机过负荷时，负荷电流达到热继电器FR的整定值，热继电器FR动作，动断触点FR断开，切断接触器KM线圈控制电路，接触器KM断电释放，KM的三个主触点同时断开，电动机绕组脱离三相380V交流电源停止转动，机械设备停止工作。

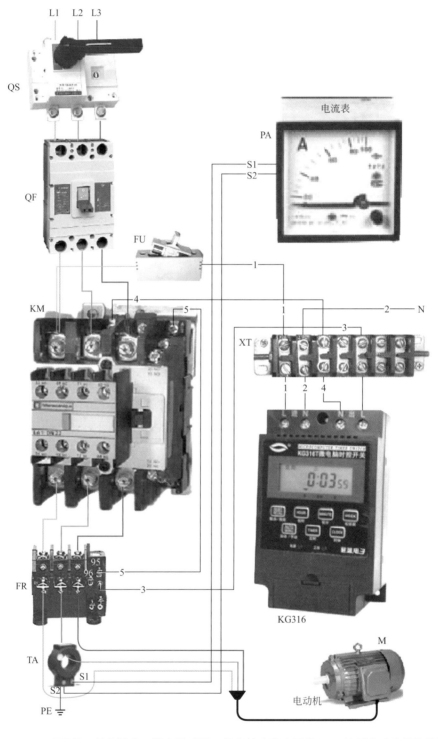

图1-91　一次保护、单电流表、微电脑时控开关直接启停水泵的220V控制电路实物接线图

例 046 一次保护、过载报警、微电脑时控开关直接启停水泵的 220V控制电路

原理图见图1-92，实物接线图见图1-93。

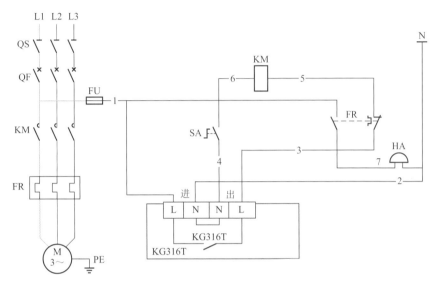

图1-92 一次保护、过载报警、微电脑时控开关直接启停水泵的220V控制电路

电路工作原理

合上主回路中的隔离开关QS；合上主回路中的断路器QF；合上控制回路中的熔断器FU。

（1）按时间启停电动机

启动电动机的时间和停机时间已经调整好（按12H调节），启动时间到，K316T微电脑定时开关的触点闭合，电源L1→熔断器FU→1号线→KG316T进线端子（L）→KG316T定时开关闭合的动合触点→开关KG316T出线端子（L）→3号线→热继电器FR动断触点→5号线→接触器KM线圈→6号线→紧急停机开关SA接通的触点→4号线→KG316T端子（N）→KG316T端子（N）→2号线→电源N极。

接触器KM线圈获得交流220V的工作电压动作，接触器KM三个主触点同时闭合，电动机绕组获得三相380V交流电源，电动机启动运转，驱动泵用的电动机工作。

调整的停泵时间到，KG316T定时开关闭合的动合触点断开，接触器KM线圈断电释放，接触器KM三个主触点同时断开，电动机断电停止运转，泵停止工作。

（2）紧急停机

发现电动机或泵有意外，需要紧急停机时，只要断开控制开关SA，切断接触器KM线圈控制电路，接触器KM断电释放，KM的三个主触点同时断开，电动机绕组脱离三相380V交流电源停止转动，机械设备停止工作。

　　电动机过负荷时，负荷电流达到热继电器 FR 的整定值，热继电器 FR 动作，动断触点 FR 断开，切断接触器 KM 线圈控制电路，接触器 KM 断电释放，KM 的三个主触点同时断开，电动机绕组脱离三相 380V 交流电源停止转动，机械设备停止工作。

　　热继电器 FR 的动合触点 FR 闭合→7 号线→电铃 HA 线圈得电，铃响报警。按下热继电器 FR 复位钮，热继电器 FR 复位，铃响终止。

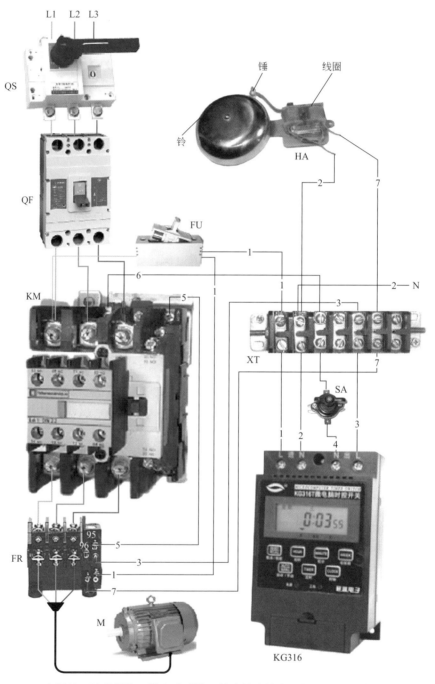

图1-93　一次保护、过载报警、微电脑时控开关直接启停水泵的220V控制电路实物接线图

例 **047**

过载保护、有电压表、状态信号、按钮启停的380V控制电路

原理图见图1-94，实物接线图见图1-95。在控制熔断器FU1、FU2下侧并联电压表PV一只，用来监视回路电源电压。KM动断触点→7号线→信号灯GN得电。亮灯表示回路送电。

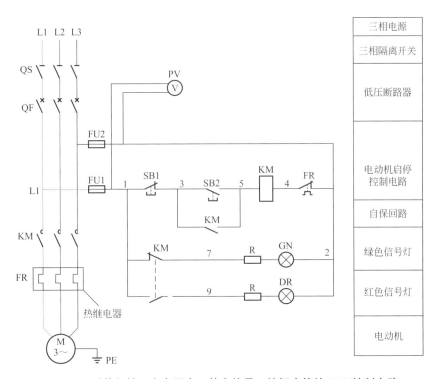

图1-94　过载保护、有电压表、状态信号、按钮启停的380V控制电路

电路工作原理

按下启动按钮SB2，电源L1相→控制回路熔断器FU1→1号线→停止按钮SB1动断触点→3号线→启动按钮SB2动合触点（按下时闭合）→5号线→接触器KM线圈→4号线→热继电器FR的动断触点→2号线→控制回路熔断器FU2→电源L3相。接触器KM线圈获电动作，动合触点KM闭合自保，维持接触器KM工作状态，接触器KM三个主触点同时闭合，电动机M绕组获得三相380V交流电源，电动机启动运转，所驱动的机械设备运行。KM动合触点→9号线→信号灯RD得电。亮灯表示电动机运转状态。

按下停止按钮SB1动断触点断开，切断接触器KM线圈控制电路，接触器KM断电释放，三个主触点同时断开，电动机绕组脱离三相380V交流电源停止转动，所驱动的机械设备停止运行。

过负荷时，热继电器FR动作，其动断触点切断接触器KM控制电路，接触器KM断电释放，三个主触点同时断开，电动机M断电停止运转。查明过载原因并处理后，按下热继电器FR的复位键，使热继电器动断触点复位。

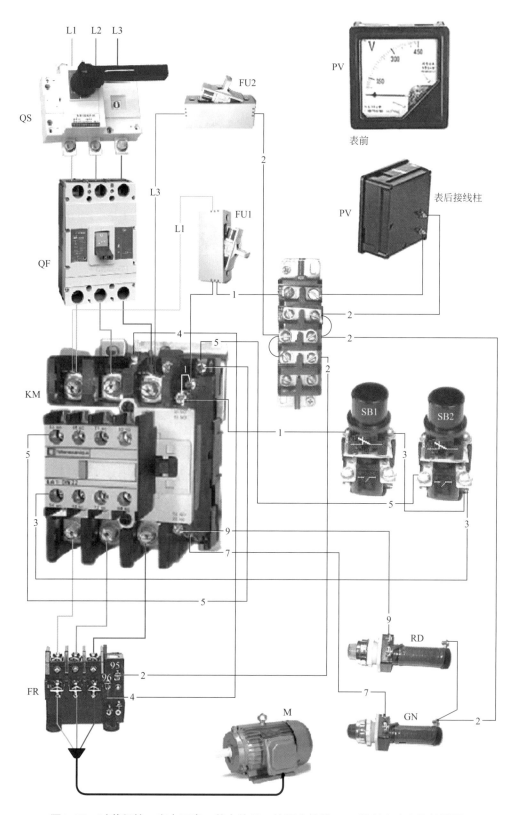

图1-95　过载保护、有电压表、状态信号、按钮启停的380V控制电路实物接线图

例 **048** **两启一停、有电源信号灯、按钮启停380V控制电路**

原理图见图1-96，实物接线图见图1-97。

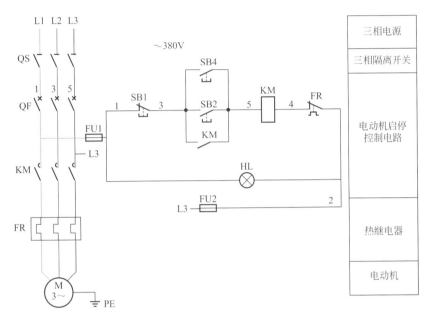

图1-96　两启一停、有电源信号灯、按钮启停380V控制电路

电路工作原理

合上三相刀开关QS；合上主回路断路器QF；合上控制回路熔断器FU1、FU2。电源信号灯HL得电，亮灯表示电路处于送电状态。

按下机前启动按钮SB2或按下操作室盘上启动按钮SB4，电源L1相→控制回路熔断器FU1→1号线→停止按钮SB1动断触点→3号线→启动按钮SB2动合触点或启动按钮SB4动合触点（按下时闭合）→5号线→接触器KM线圈→4号线→热继电器FR的动断触点→2号线→控制回路熔断器FU2→电源L3相。

电路接通，接触器KM线圈获电动作，动合触点KM闭合自保，维持接触器KM工作状态，接触器KM三个主触点同时闭合，电动机M绕组获得三相380V交流电源，电动机M启动运转，所驱动的机械设备运行。

按下停止按钮SB1，其动断触点断开，切断接触器KM线圈控制电路，接触器KM断电释放，三个主触点同时断开，电动机M绕组脱离三相380V交流电源停止转动，所驱动的机械设备停止运行。

当电动机的工作电流超过电动机额定值时，主回路中的热继电器FR动作，热继电器FR的动断触点断开，切断接触器KM线圈控制电路，接触器KM断电释放，三个主触点同时断开，电动机M绕组脱离三相380V交流电源停止转动，所拖动的机械设备停止运行。

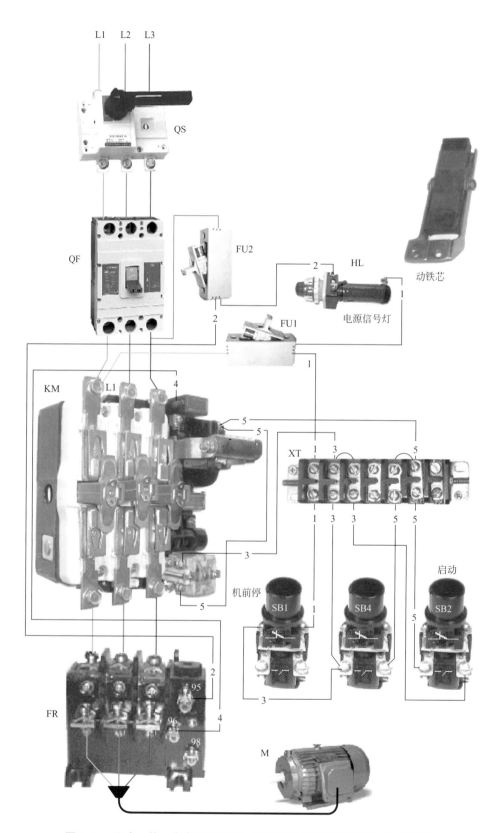

图1-97 两启一停、有电源信号灯、按钮启停380V控制电路实物接线图

Chapter

2

第2章

液位控制的水泵电动机转控制电路

例 **049** 水位控制器直接启停电动机的380V控制电路

原理图见图2-1，实物接线图见图2-2。

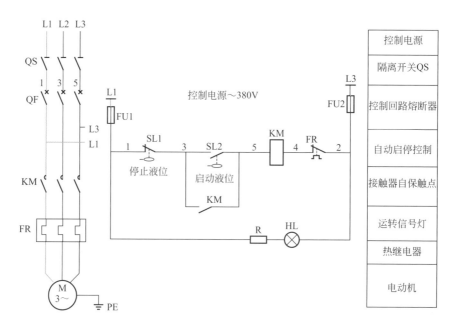

图2-1　水位控制器直接启停电动机的380V控制电路

 **电路工作原理**

合上电源隔离开关QS；合上断路器QF；合上控制回路熔断器FU1、FU2。电源L1相→控制回路熔断器FU1→1号线→信号灯HL→2号线→控制回路熔断器FU2→电源L3相。信号灯HL得电，亮灯表示水泵回路送电。

水位下落到规定位置，水位控制器SL2动合触点闭合，发出启动水泵指令。电源L1相→控制回路熔断器FU1→1号线→水位控制器SL1动断触点→3号线→闭合的水位控制器SL2动合触点→5号线→接触器KM线圈→4号线→继电器FR的动断触点→2号线→控制回路熔断器FU2→电源L3相，构成380V电路。

接触器KM线圈得到交流380V的工作电压动作，接触器KM动合触点闭合（将水位触点SL1动合触点短接）自保，维持接触器KM的工作状态。接触器KM三个主触点同时闭合，电动机绕组获得三相380V交流电源，电动机启动运转，驱动机械设备工作。

水位上升达到规定位置，水位控制器SL1动断触点断开。切断接触器KM线圈控制电路，接触器KM断电释放，KM的三个主触点同时断开，电动机绕组脱离三相380V交流电源停止转动，机械设备停止工作。

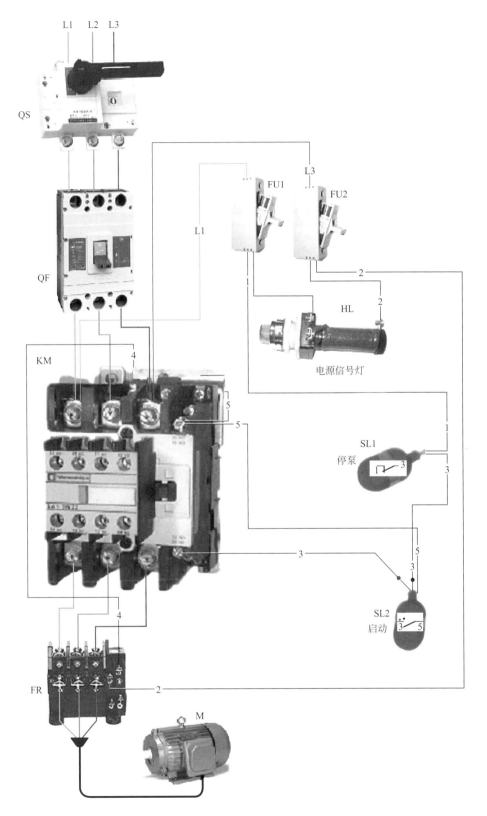

图2-2　水位控制器直接启停电动机的380V控制电路实物接线图

例 **050** **无状态信号灯、水位控制器直接启停的排水泵220V控制电路**

原理图见图2-3，实物接线图见图2-4。

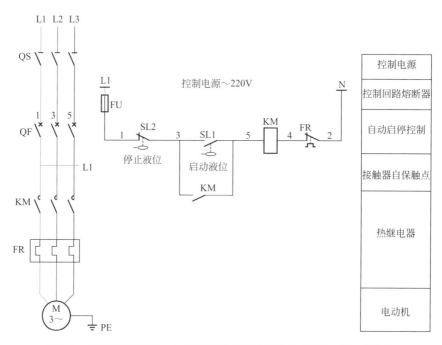

图2-3　无状态信号灯、水位控制器直接启停的排水泵220V控制电路

合上电源隔离开关QS；合上断路器QF；合上控制回路熔断器FU。

水位上升到规定位置，水位控制器SL1动合触点闭合，发出启动水泵指令。电源L1相→控制回路熔断器FU→1号线→水位控制器SL2动断触点→3号线→闭合的水位控制器SL1动合触点→5号线→接触器KM线圈→4号线→继电器FR的动断触点→2号线→电源N极，构成220V电路。

接触器KM线圈得到交流220V的工作电压动作，接触器KM动合触点闭合（将水位触点SL1动合触点短接）自保，维持接触器KM的工作状态。接触器KM三个主触点同时闭合，电动机绕组获得三相380V交流电源，电动机启动运转，泵投入排水工作。

水位下降达到规定位置，水位控制器SL2动断触点断开。切断接触器KM线圈控制电路，接触器KM断电释放，KM的三个主触点同时断开，电动机绕组脱离三相380V交流电源停止转动，排水泵停止工作。

电动机过负荷时，热继电器FR动作，动断触点FR断开，接触器KM断电释放，KM的三个主触点同时断开，电动机绕组脱离三相380V交流电源停止转动，机械设备停止工作。

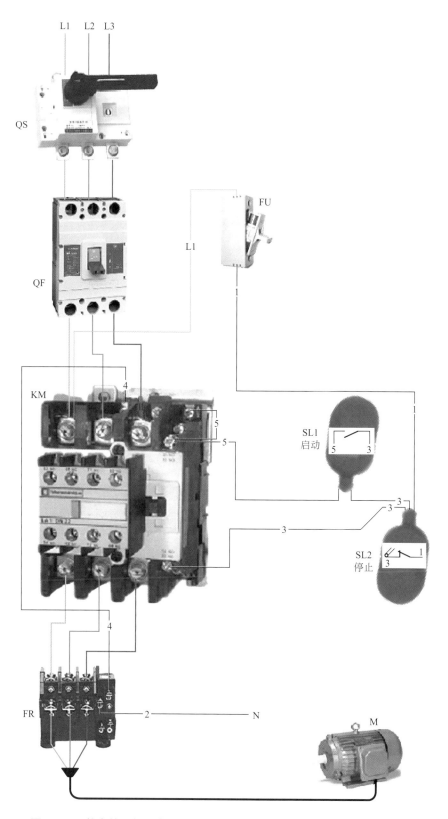

图2-4 无状态信号灯、水位控制器直接启停的排水泵220V控制电路实物接线图

例 **051** 过载报警、有状态信号、水位控制器直接启停电动机的控制电路

原理图见图2-5，实物接线图见图2-6。

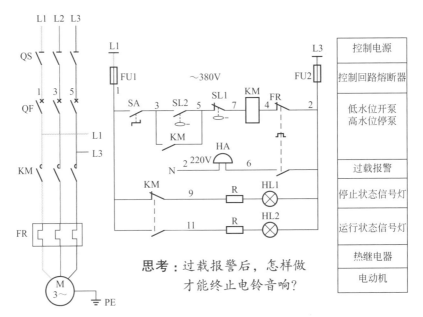

思考：过载报警后，怎样做才能终止电铃音响？

图2-5　过载报警、有状态信号、水位控制器直接启停电动机的控制电路

 **电路工作原理**

控制开关SA已在合位，为启动水泵作好电路准备。接触器KM动断触点闭合→9号线→信号灯HL1→2号线，信号灯HL1得电，亮灯表示水泵回路送电。

水位下落到规定位置，水位控制器SL2动合触点闭合，发出启动水泵指令。

电源L1相→控制回路熔断器FU1→1号线→控制开关SA触点接通→3号线→水位控制器SL2动合触点→5号线→水位控制器SL1动断触点→7号线→接触器KM线圈→4号线→继电器FR的动断触点→2号线→控制回路熔断器FU2→电源L3相，构成380V电路。

接触器KM线圈得到交流380V的工作电压动作，接触器KM动合触点闭合（将水位触点SL1动合触点短接）自保，维持接触器KM的工作状态。接触器KM三个主触点同时闭合，电动机绕组获得三相380V交流电源，电动机启动运转，驱动机械设备工作。

接触器KM动合触点闭合→11号线→信号灯HL2→2号线，信号灯HL2得电，亮灯表示水泵运转状态。水位上升达到规定位置，水位控制器SL1动断触点断开。切断接触器KM线圈控制电路，接触器KM断电释放，KM的三个主触点同时断开，电动机停止转动，泵停止工作。遇到紧急情况，断开控制开关SA，电动机停止运转，泵停止工作。

电动机过负荷时，热继电器FR动作，动断触点FR断开，接触器KM断电释放，KM的三个主触点同时断开，电动机绕组脱离三相380V交流电源停止转动，机械设备停止工作。热继电器FR动合触点闭合，电源L3相→控制回路熔断器FU2→2号线→闭合的热继电器FR动合触点→6号线→电铃HA线圈→2号线→电源N极。电铃HA线圈得电，铃响表示水泵是过负荷停机。

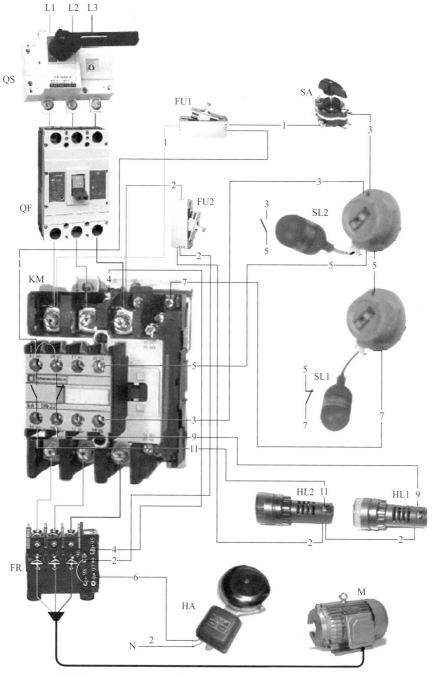

图2-6 过载报警、有状态信号、水位控制器直接启停电动机的控制电路实物接线图

例 052 有电压监视、过载报警、水位直接启停电动机的控制电路

原理图见图2-7，合上控制回路熔断器FU、FU0。

① 电压表的2号线与电源N极连接，电压表PV两端获得工作电源，电压表PV显示220V电压，监视控制电路完好。实物接线图见图2-8。

② 电压表的2号线与电源L3相连接，电压表PV两端获得工作电源，电压表PV显示380V电压，监视主电路两相电源电压。实物接线图见图2-9。

控制开关SA已在合位，为启动水泵作好电路准备。

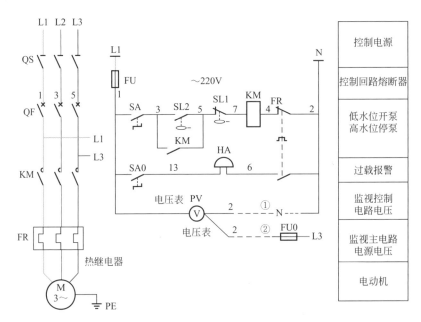

图2-7 有电压监视、过载报警、水位直接启停电动机的220V控制电路

电路工作原理

水位下落到规定位置，水位控制器SL2动合触点闭合，发出启动水泵指令。电源L1相→控制回路熔断器FU→1号线→控制开关SA触点接通→3号线→水位控制器SL2动合触点→5号线→水位控制器SL1动断触点→7号线→接触器KM线圈→4号线→热继电器FR的动断触点→2号线→电源N极，构成220V电路。

接触器KM线圈得到交流220V的工作电压动作，接触器KM动合触点闭合（将水位触点SL2动合触点短接）自保，维持接触器KM的工作状态。接触器KM三个主触点同时闭合，电动机绕组获得三相380V交流电源，电动机启动运转，驱动机械设备工作。

水位上升达到规定位置，水位控制器SL1动断触点断开。切断接触器KM线圈控制电路，接触器KM断电释放，KM的三个主触点同时断开，电动机停止转动，泵停止工作。遇到紧急情况，断开控制开关SA，切断接触器KM控制电路，KM三个主触点同时断开，电动

机断电停止运转，泵停止工作。

　　电动机过负荷时，热继电器FR动作，动断触点FR断开，接触器KM断电释放，KM的三个主触点同时断开，电动机绕组脱离三相380V交流电源停止转动，机械设备停止工作。热继电器FR动合触点闭合，电源L1相→控制回路熔断器FU→1号线→控制开关SA0触点→13号线→电铃HA线圈→6号线→闭合的热继电器FR动合触点→2号线→电源N极。电铃HA线圈得电，铃响表示水泵是过负荷停机。断开控制开关SA0，铃响终止。

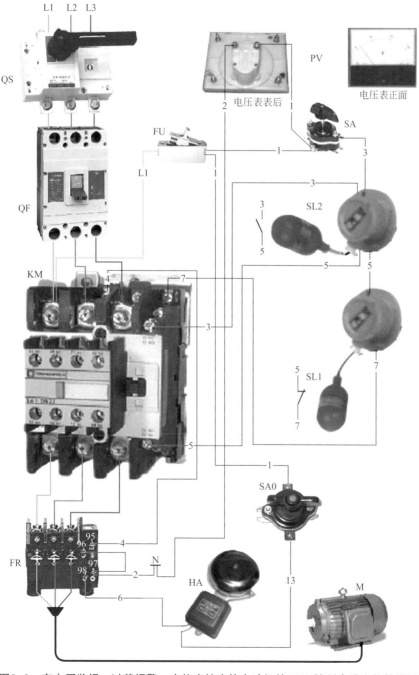

图2-8　有电压监视、过载报警、水位直接启停电动机的220V控制电路实物接线图

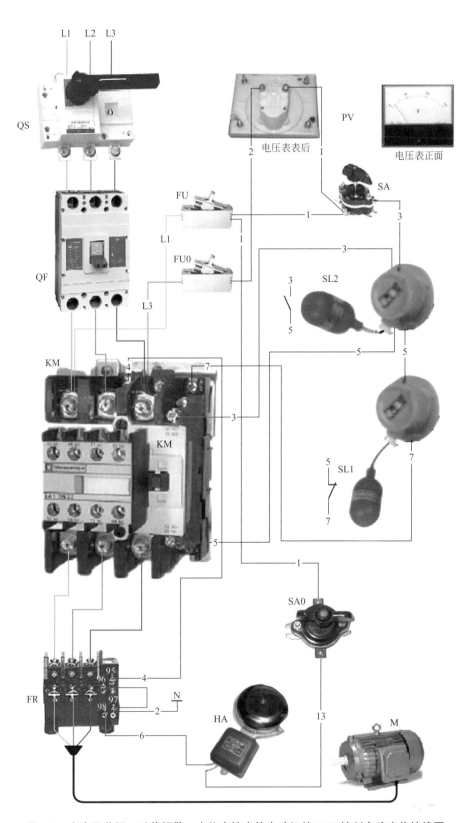

图2-9　有电压监视、过载报警、水位直接启停电动机的380V控制电路实物接线图

例 **053**

有状态信号灯、低水位报警、水位直接启停电动机的 220V控制电路

原理图见图2-10。实物接线图见图2-11。如果水位处于最低时,合上控制回路熔断器FU铃响报警。

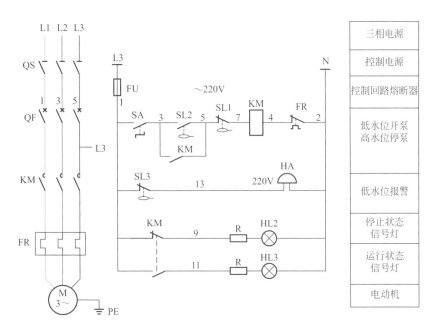

图2-10　有状态信号灯、低水位报警水位直接启停电动机的220V控制电路

电路工作原理

水位下落到规定位置,水位控制器SL2动合触点闭合,发出启动水泵指令。电源L3相→控制回路熔断器FU→1号线→控制开关SA触点接通→3号线→闭合的水位控制器SL2动合触点→5号线→水位控制器SL1动断触点→7号线→接触器KM线圈→4号线→热继电器FR的动断触点→2号线→电源N极,构成220V电路。

接触器KM线圈得到交流220V的工作电压动作,接触器KM动合触点闭合(将水位触点SL2动合触点短接)自保,维持接触器KM的工作状态。接触器KM三个主触点同时闭合,电动机绕组获得三相380V交流电源,电动机启动运转,驱动机械设备工作。

水位上升达到规定位置,水位控制器SL1动断触点断开。切断接触器KM线圈控制电路,接触器KM断电释放,KM的三个主触点同时断开,电动机停止转动,泵停止工作。遇到紧急情况,断开控制开关SA,切断接触器KM控制电路,KM三个主触点同时断开,电动机断电停止运转,泵停止工作。

水位下落到最低时的规定位置，水位控制器SL3动断触点复归接通状态：

电源L3相→控制回路熔断器FU→1号线→复位的水位控制器SL3动断触点接通→13号线→电铃HA线圈→2号线→电源N极。电铃HA线圈得电，铃响表示水位下落到最低。

水位上升后，水位控制器SL3动断触点是断开的。

电动机过负荷时，热继电器FR动作，动断触点FR断开，接触器KM断电释放，KM的三个主触点同时断开，电动机绕组脱离三相380V交流电源停止转动，机械设备停止工作。

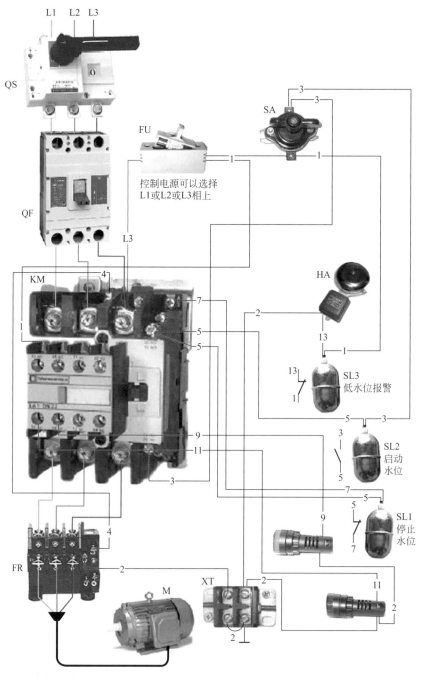

图2-11　有状态信号灯、低水位报警、水位直接启停电动机的220V控制电路实物接线图

例 **054**

没有状态信号、低水位报警、水位控制器直接启停电动机的380V控制电路

原理图见图2-12，实物接线图见图2-13。

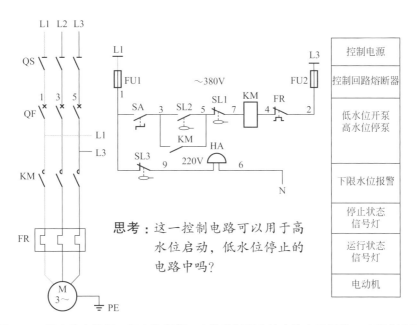

思考：这一控制电路可以用于高水位启动，低水位停止的电路中吗？

图2-12 没有状态信号、低水位报警、水位控制器直接启停电动机的380V控制电路

电路工作原理

水位下落到规定位置，水位控制器SL2动合触点闭合，发出启动水泵指令。电源L1相→控制回路熔断器FU1→1号线→控制开关SA触点接通→3号线→闭合的水位控制器SL2动合触点→5号线→水位控制器SL1动断触点→7号线→接触器KM线圈→4号线→热继电器FR的动断触点→2号线→控制回路熔断器FU2→电源L3相，构成380V电路。

接触器KM线圈得到交流380V的工作电压动作，接触器KM动合触点闭合（将水位触点SL2动合触点短接）自保，维持接触器KM的工作状态。接触器KM三个主触点同时闭合，电动机绕组获得三相380V交流电源，电动机启动运转，驱动机械设备工作。

水位上升达到规定位置，水位控制器SL1动断触点断开。切断接触器KM线圈控制电路，接触器KM断电释放，KM的三个主触点同时断开，电动机停止转动，泵停止工作。遇到紧急情况，断开控制开关SA，切断接触器KM控制电路，KM三个主触点同时断开，电动机断电停止运转，泵停止工作。

水位下落到最低时的规定位置，水位控制器SL3动断触点复归接通状态：

电源L1相→控制回路熔断器FU1→1号线→复位的水位控制器SL3动断触点接通→9号

线→电铃HA线圈→6号线→电源N极。电铃HA线圈得电，铃响表示水位下落到最低。

水位上升后，水位控制器SL3动断触点是断开的。

电动机过负荷时，热继电器FR动作，动断触点FR断开，接触器KM断电释放，KM的三个主触点同时断开，电动机绕组脱离三相380V交流电源停止转动，机械设备停止工作。

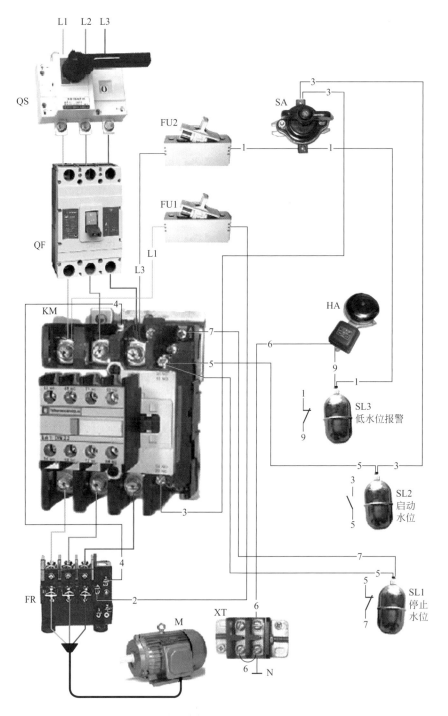

图2-13　没有状态信号、低水位报警、水位控制器直接启停电动机的380V控制电路实物接线图

例 **055**

低水位报警、发出启动上水泵指令、水位控制器直接启停的220V控制电路

原理图见图2-14，实物接线图见图2-15。

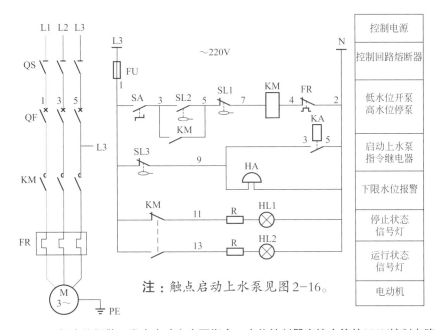

图2-14 低水位报警、发出启动上水泵指令、水位控制器直接启停的220V控制电路

电路工作原理

接触器KM动断触点闭合→11号线→信号灯HL1→2号线，信号灯HL1得电，亮灯表示水泵回路送电状态。

水位下落到规定位置，水位控制器SL2动合触点闭合，发出启动水泵指令。电源L3相→控制回路熔断器FU→1号线→控制开关SA触点接通→3号线→闭合的水位控制器SL2动合触点→5号线→水位控制器SL1动断触点→7号线→接触器KM线圈→4号线→热继电器FR的动断触点→2号线→电源N极，构成220V电路。

接触器KM线圈得到交流220V的工作电压动作，接触器KM动合触点闭合（将水位触点SL2动合触点短接）自保，维持接触器KM的工作状态。接触器KM三个主触点同时闭合，电动机绕组获得三相380V交流电源，电动机启动运转，驱动机械设备工作。

接触器KM动合触点闭合→13号线→信号灯HL2→2号线，信号灯HL2得电，亮灯表示水泵运转状态。

水位上升达到规定位置，水位控制器SL1动断触点断开。切断接触器KM线圈控制电路，接触器KM断电释放，KM的三个主触点同时断开，电动机停止转动，泵停止工作。

遇到紧急情况，断开控制开关SA，切断接触器KM控制电路，KM三个主触点同时断开，

电动机断电停止运转，泵停止工作。

送电初，如果水位处在最低时，水位控制器SL3动断触点复归接通状态，通过9号线使电铃HA线圈得电，铃响发出水位低告警。中间继电器KA线圈得电动作，通过KA的动合触点发出启动上水泵（见图2-16）。

电动机过负荷时，热继电器FR动作，其动断触点断开，接触器KM断电释放，KM的三个主触点同时断开，电动机绕组脱离三相380V交流电源停止转动，机械设备停止工作。

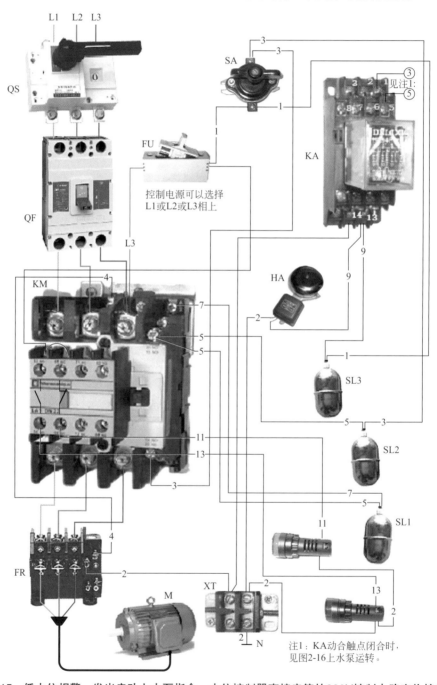

注1：KA动合触点闭合时，见图2-16上水泵运转。

图2-15 低水位报警、发出启动上水泵指令、水位控制器直接启停的220V控制电路实物接线图

例 **056**

一次保护、手动与自动控制的上水泵220V控制电路

原理图见图2-16，实物接线图见图2-17。

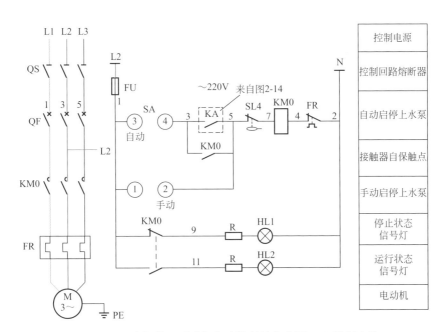

图2-16 一次保护、手动与自动控制的上水泵220V控制电路

电路工作原理

合上电源隔离开关QS；合上电源断路器QF；合上控制回路熔断器FU。接触器KM动断触点→9号线→信号灯HL1→2号线，信号灯HL1得电，亮灯表示水泵回路送电状态。

通过选择开关SA来确定上水泵的启停方式。自动控制是通过给水泵回路中的中间继电器KA动合触点启动上水泵。停泵是靠上水泵回路中的水位控制器SL4动断触点，实现停泵的。

自动运转：希望水泵自动运转，应该将控制开关SA置于自动位置，触点③、④接通。给水泵回路来的启动指令KA动合触点的闭合，电源L2相→控制回路熔断器FU→1号线→控制开关SA触点③、④接通→3号线→闭合的中间继电器KA动合触点→5号线→水位控制器SL4动断触点→7号线→接触器KM线圈→4号线→热继电器FR的动断触点→2号线→电源N极，构成220V电路。

接触器KM线圈得到交流220V的工作电压动作，接触器KM0动合触点闭合（将中间继电器KA动合触点短接）自保，维持接触器KM的工作状态。接触器KM0三个主触点同时闭合，电动机绕组获得三相380V交流电源，电动机启动运转，驱动机械设备工作。

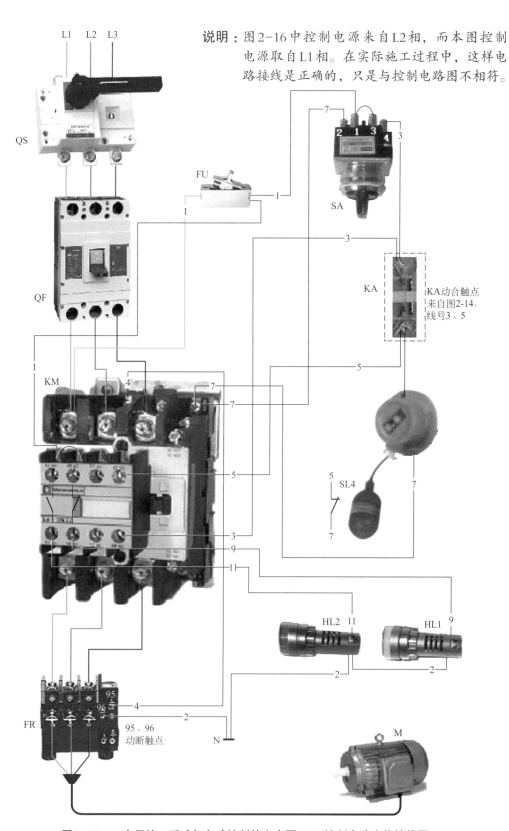

说明：图2-16中控制电源来自L2相，而本图控制电源取自L1相。在实际施工过程中，这样电路接线是正确的，只是与控制电路图不相符。

图2-17　一次保护、手动与自动控制的上水泵220V控制电路实物接线图

接触器KM0动合触点闭合→11号线→信号灯HL2→2号线，信号灯HL2得电，亮灯表示水泵运转状态。

水位上升达到规定位置，水位控制器SL4动断触点断开。切断接触器KM0线圈控制电路，接触器KM0断电释放，KM0的三个主触点同时断开，上水泵电动机停止转动，泵停止工作。

手动启停上水泵：希望水泵手动运转，应该将控制开关SA置于手动位置，触点①、②接通。

电源L2相→控制回路熔断器FU→1号线→控制开关SA触点①、②接通→5号线→水位控制器SL4动断触点→7号线→接触器KM0线圈→4号线→热继电器FR的动断触点→2号线→电源N极。构成220V电路。

接触器KM0线圈得到交流220V的工作电压动作，接触器KM0动合触点闭合（将中间继电器KA动合触点短接）自保，维持接触器KM0的工作状态。接触器KM0三个主触点同时闭合，电动机绕组获得三相380V交流电源，电动机启动运转，上水泵工作。

接触器KM0动合触点闭合→11号线→信号灯HL2→2号线，信号灯HL2得电，亮灯表示水泵运转状态。

水位上升达到规定位置，水位控制器SL4动断触点断开。切断接触器KM0线圈控制电路，接触器KM0断电释放，KM0的三个主触点同时断开，上水泵电动机停止转动，泵停止工作。也可以通过断开控制开关SA来实现停泵。

电动机过负荷时，热继电器FR动作，其动断触点断开，接触器KM断电释放，KM的三个主触点同时断开，电动机绕组脱离三相380V交流电源停止转动，机械设备停止工作。

一次保护、过载有信号灯显示的上水泵380V控制电路

原理图见图2-18，实物接线图见图2-19。

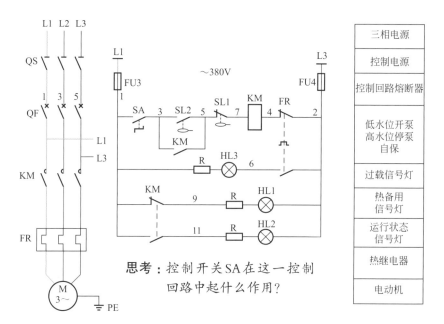

思考：控制开关SA在这一控制
回路中起什么作用？

| 三相电源 |
| 控制电源 |
| 控制回路熔断器 |
| 低水位开泵
高水位停泵
自保 |
| 过载信号灯 |
| 热备用
信号灯 |
| 运行状态
信号灯 |
| 热继电器 |
| 电动机 |

图2-18　一次保护、过载有信号灯显示的上水泵380V控制电路

　电路工作原理

　　水位下落到规定位置，水位控制器SL2动合触点闭合，发出启动水泵指令。电源L1相
→控制回路熔断器FU3→1号线→控制开关SA触点接通→3号线→闭合的水位控制器SL2
动合触点→5号线→水位控制器SL1动断触点→7号线→接触器KM线圈→4号线→热继电
器FR的动断触点→2号线→控制回路熔断器FU4→电源L3相，构成380V电路。

　　接触器KM线圈得到交流380V的工作电压动作，接触器KM动合触点闭合（将水位触
点SL2动合触点短接）自保，维持接触器KM的工作状态。接触器KM三个主触点同时闭
合，电动机绕组获得三相380V交流电源，电动机启动运转，驱动机械设备工作。

　　水位上升达到规定位置，水位控制器SL1动断触点断开。切断接触器KM线圈控制电
路，接触器KM断电释放，KM的三个主触点同时断开，电动机停止转动，泵停止工作。

　　遇到紧急情况，断开控制开关SA，切断接触器KM控制电路，KM三个主触点同时断开，
电动机断电停止运转，泵停止工作。

　　电动机过负荷时，热继电器FR动作，其动断触点断开，接触器KM断电释放，KM的三个主触点同时断开，电动机绕组脱离三相380V交流电源停止转动，机械设备停止工作。热继电器FR动合触点闭合，电源L1相→控制回路熔断器FU3→1号线→过载信号灯HL3→6号线→闭合的热继电器FR动合1触点→2号线→控制回路熔断器FU4→电源L3相。构成380V电路，信号灯HL3得电，亮灯表示水泵过负荷停机。

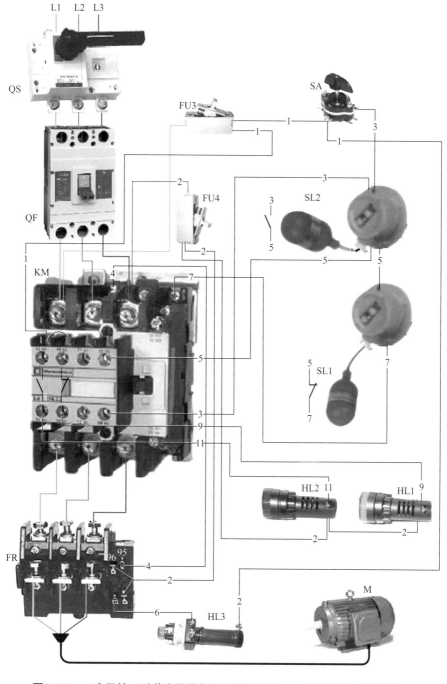

图2-19　一次保护、过载有信号灯显示的上水泵380V控制电路实物接线图

例 **058**

一次保护、有状态信号灯、水位直接启停的上水泵36V控制电路

原理图见图2-20，实物接线图见图2-21。

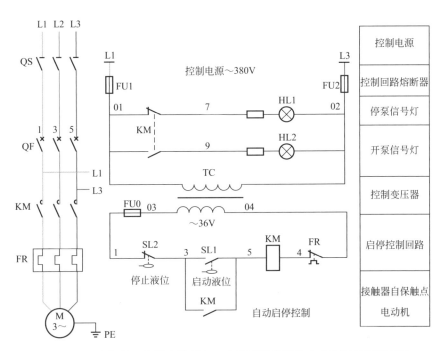

图2-20　一次保护、有状态信号灯、水位直接启停的上水泵36V控制电路

电路工作原理

合上电源隔离开关QS；合上电源断路器QF；合上控制回路熔断器FU1、FU2、FU0。

接触器KM动断触点→7号线→信号灯HL1→02号线，信号灯HL1得电，亮灯表示水泵回路送电状态。

控制变压器TC一次获380V电源，二次绕组感应36V电压，作为电动机启停控制电路电源。水位下落到规定位置，水位控制器SL1动合触点闭合，发出启动水泵指令。控制变压器TC二次一端03→控制回路熔断器FU0→1号线→水位控制器SL2动断触点→3号线→闭合的水位控制器SL1动合触点→5号线→接触器KM线圈→4号线→热继电器FR的动断触点→04号线→控制变压器TC另一端，构成36V电路。

接触器KM线圈得到交流36V的工作电压动作，接触器KM动合触点闭合（将水位触点SL1动合触点短接）自保，维持接触器KM的工作状态。接触器KM三个主触点同时闭合，电动机绕组获得三相380V交流电源，电动机启动运转，驱动机械设备工作。

接触器KM动合触点闭合→9号线→信号灯HL2→02号线，信号灯HL2得电，亮灯表

示水泵运转状态。

　　水位上升达到规定位置，水位控制器SL2动断触点断开。切断接触器KM线圈控制电路，接触器KM断电释放，KM的三个主触点同时断开，电动机停止转动，泵停止工作。

　　电动机过负荷时，热继电器FR动作，其动断触点断开，接触器KM断电释放，KM的三个主触点同时断开，电动机绕组脱离三相380V交流电源，电动机停止转动。

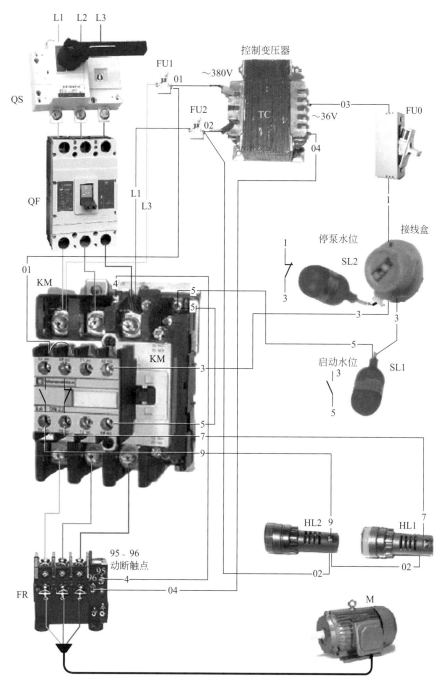

图2-21　一次保护、有状态信号灯、水位直接启停的上水泵36V控制电路实物接线图

例 **059** 采用电缆浮球液位开关启停泵的220V控制电路

（1）有状态信号、电缆浮球液位开关启停泵的220V控制电路见图2-22，实物接线图见图2-23。

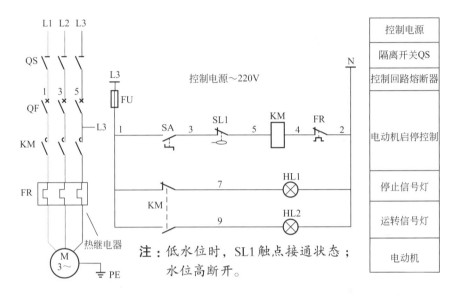

图2-22　有状态信号、电缆浮球液位开关启停泵的220V控制电路

读者可自行分析图2-22控制电路的工作原理，写在图下方的空白处。

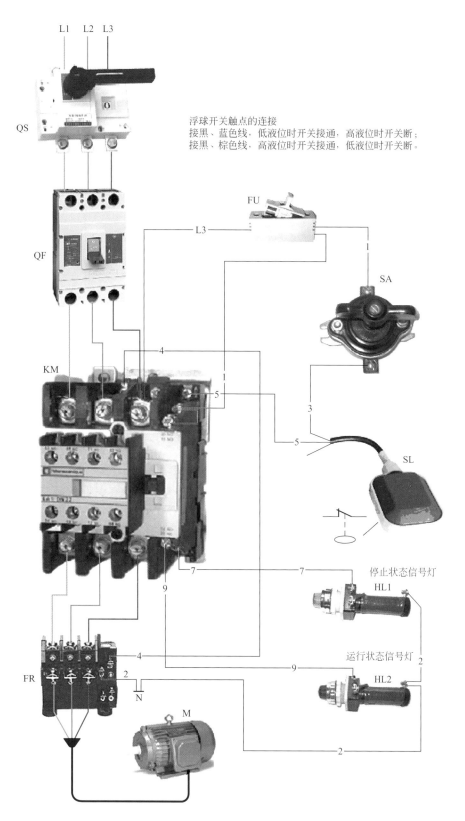

浮球开关触点的连接
接黑、蓝色线，低液位时开关接通，高液位时开关断；
接黑、棕色线，高液位时开关接通，低液位时开关断。

图2-23　有状态信号、电缆浮球液位开关启停泵的220V控制电路实物接线图

（2）无状态信号、电缆浮球液位开关启停泵的220V控制电路见图2-24，用于排水泵的实物接线图见图2-25，用于上水泵的实物接线图见图2-26。

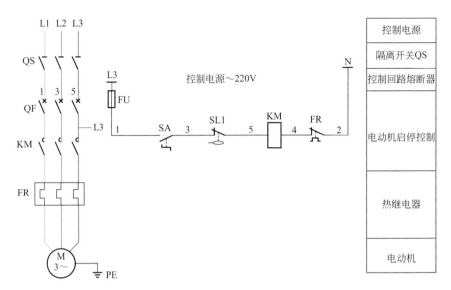

图2-24 无状态信号、电缆浮球液位开关启停泵的220V控制电路

读者可自行分析图2-24控制电路的工作原理，写在图下方的空白处。

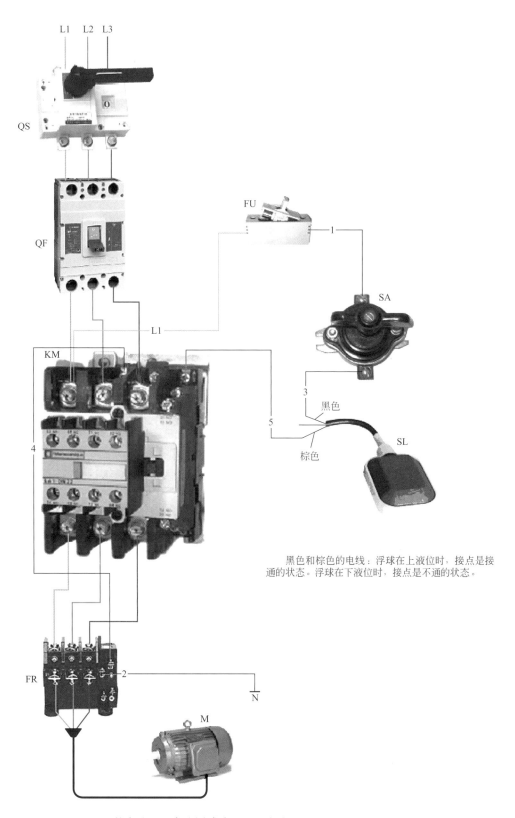

L1 L2 L3

QS

QF

FU

1

SA

3

KM

L1

5

黑色

SL

棕色

4

黑色和棕色的电线：浮球在上液位时，接点是接通的状态。浮球在下液位时，接点是不通的状态。

FR

2

N

M

图2-25 无状态信号、电缆浮球液位开关启停排水泵的220V控制电路实物接线图

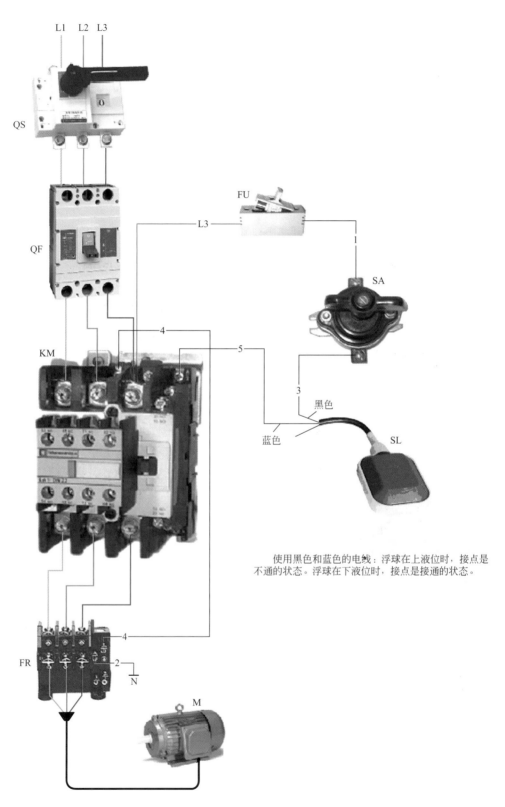

L1 L2 L3

QS

QF

FU

L3

1

SA

4

5

3

KM

黑色

蓝色

SL

使用黑色和蓝色的电线：浮球在上液位时，接点是不通的状态。浮球在下液位时，接点是接通的状态。

FR

4

2

N

M

图2-26　无状态信号、电缆浮球液位开关启停上水泵的220V控制电路实物接线图

第3章

小型机械设备电气控制电路

例 060 倒顺开关直接启停的机械设备控制电路

许多建筑工地的机械设备，如搅拌机、切割机、钢筋切断机、钢筋弯曲机等，采用倒顺开关直接启停的，倒顺开关一般用于2.8 kW以下的电动机。常用的倒顺开关控制电路图见图3-1，实物接线图见图3-2。

L1、L2、L3与T1、T2、T3为倒顺开关内触点端子标号。把电源L1、L2、L3与倒顺开关上的L1、L2、L3端子连接。T1、T2、T3与电动机绕组连接。将倒顺开关切换到"顺"的位置，电动机正方向运转；切换到"停"的位置，电动机停止运转；切换到"倒"的位置，电动机反方向运转。

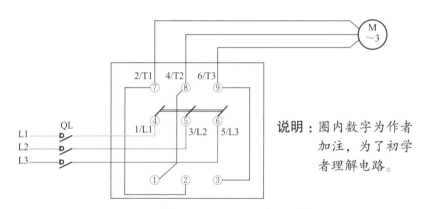

图3-1　倒顺开关直接启停的机械设备控制电路

说明：圈内数字为作者加注，为了初学者理解电路。

电路工作原理

合上负荷开关QL，倒顺开关的电源侧获电。

（1）将倒顺开关TS切换到"顺"的位置

电源L1→端子④→触点→端子⑦→T1→电动机绕组；

电源L2→端子⑤→触点→端子⑧→T2→电动机绕组；

电源L3→端子⑥→触点→端子⑨→T3→电动机绕组；

电动机M绕组获按L1、L2、L3相序排列的电源，电动机正方向运转。

倒顺开关TS切换的"停"的位置，电动机停止正方向运转。

（2）将倒顺开关TS切换到"倒"的位置

电源L1→端子④→触点→端子①→端子⑧→T2→电动机绕组；

电源L2→端子⑤→触点→端子②→端子⑦→T1→电动机绕组；

电源L3→端子⑥→触点→端子③→端子⑨→T3→电动机绕组；

电动机M绕组获按L2、L1、L3相序排列的电源，电动机反方向运转。

倒顺开关切换的"停"的位置，电动机停止反方向运转。

注：倒顺开关TS接线端子的标号，电源侧1/L1、3/L2、5/L3，负荷侧2/T1、4/T2、6/T3。
  电路图中有的图是这样标注的，有些图采用简化的标注：电源侧L1、L2、L3，负荷侧
  T1、T2、T3。电路工作原理讲述中用：电源侧L1、L2、L3，负荷侧T1、T2、T3。

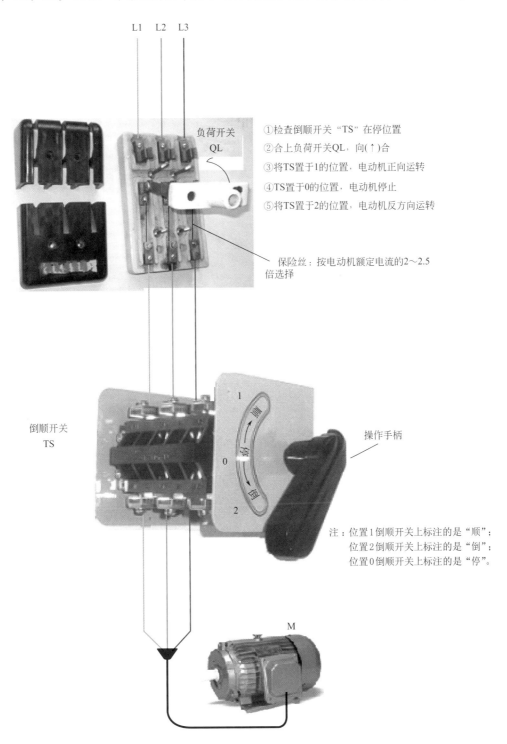

①检查倒顺开关"TS"在停位置
②合上负荷开关QL，向(↑)合
③将TS置于1的位置，电动机正向运转
④TS置于0的位置，电动机停止
⑤将TS置于2的位置，电动机反方向运转

保险丝：按电动机额定电流的2～2.5倍选择

注：位置1倒顺开关上标注的是"顺"；
  位置2倒顺开关上标注的是"倒"；
  位置0倒顺开关上标注的是"停"。

图3-2 倒顺开关直接启停的机械设备控制电路实物接线图

例 061 倒顺开关与接触器相结合的正反转220V控制电路

原理图见图3-3，实物接线图见图3-4。

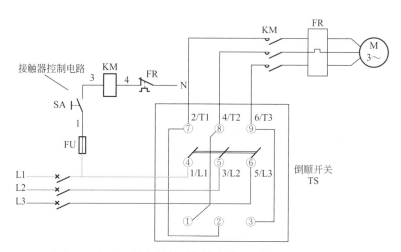

图3–3 倒顺开关与接触器相结合的正反转220V控制电路

合上断路器QF，倒顺开关TS的电源侧获电。

（1）倒顺开关TS切换到"顺"的位置

电源L1→TS端子④→触点→端子⑦→T1→接触器KM主触点电源侧；

电源L2→TS端子⑤→触点→端子⑧→T2→接触器KM主触点电源侧；

电源L3→TS端子⑥→触点→端子⑨→T3→接触器KM主触点电源侧；

这时，按顺时针方向旋转开关SA其触点闭合（自锁）→接触器KM线圈得电动作，接触器KM的三个主触点同时闭合。从倒顺开关TS的T1、T2、T3三个端子上，获得正向排列的三相交流电源，电动机得电正向运转。

停机，逆时针方向旋转开关SA，其触点从自锁状态断开，接触器KM断电释放，主触点三个同时断开，电动机断电停止运转。

（2）倒顺开关TS切换到"倒"的位置

电源L1→TS端子④→触点→端子①→端子⑧→T2→接触器KM主触点电源侧；

电源L2→TS端子⑤→触点→端子②→端子⑦→T1→接触器KM主触点电源侧；

电源L3→TS端子⑥→触点→端子③→端子⑨→T3→接触器KM主触点电源侧，相序改变；

这时，按顺时针方向旋转开关SA，其触点闭合（自锁）→接触器KM线圈得电动作，接触器KM的三个主触点同时闭合。从倒顺开关TS的T1、T2、T3三个端子上，获得反向排列的三相交流电源，电动机得电反向运转。

停机，逆时针方向旋转开关SA，其触点从自锁状态断开，接触器KM断电释放，主触点三个同时断开，电动机断电停止运转。

（3）如果机械设备退出使用状态，将倒顺开关TS切换到"停"的位置。

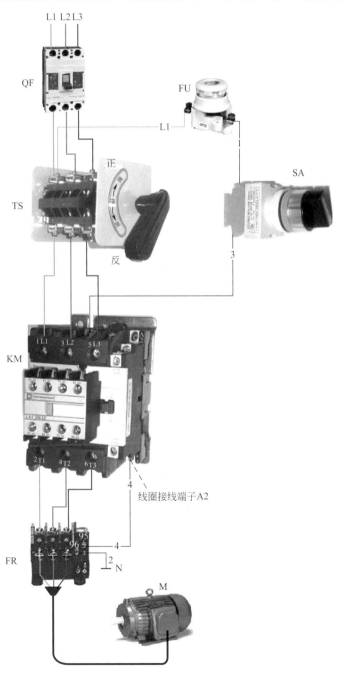

图3-4　倒顺开关与接触器相结合的正反转220V控制电路实物接线图

倒顺开关与接触器相结合的正反转控制电路

倒顺开关与接触器相结合的正反转 380V 控制电路，原理图见图 3-5，实物接线图见图 3-6。倒顺开关与接触器相结合、点动操作的钢筋弯曲机 220V 控制电路，原理图见图 3-7，实物接线图见图 3-8。

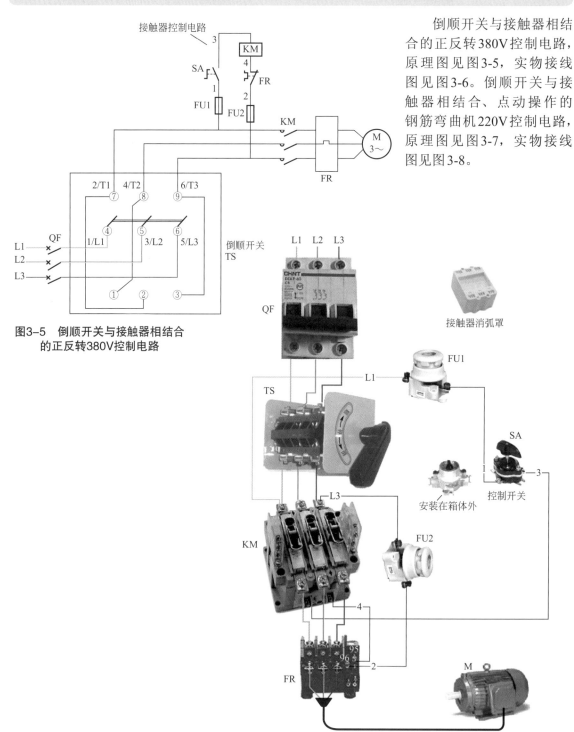

图3-5　倒顺开关与接触器相结合的正反转380V控制电路

图3-6　倒顺开关与接触器相结合的正反转380V控制电路实物接线图

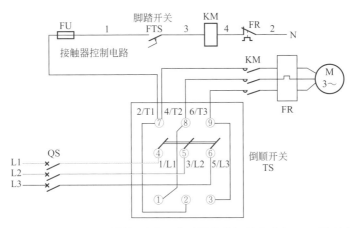

图3-7 倒顺开关与接触器相结合、点动操作的钢筋弯曲机220V控制电路

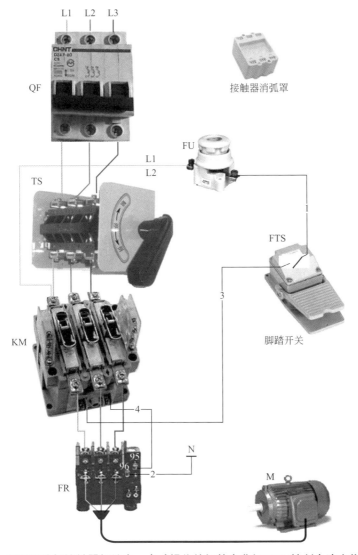

图3-8 倒顺开关与接触器相结合、点动操作的钢筋弯曲机220V控制电路实物接线图

倒顺开关与接触器结合的搅拌机控制电路

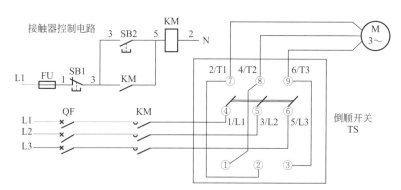

无过载保护、倒顺开关与接触器结合的搅拌机220V控制电路见图3-9，实物接线图见图3-10；有过载保护、倒顺开关与接触器结合的搅拌机220V控制电路见图3-11，实物接线图见图3-12。

图3-9　无过载保护、倒顺开关与接触器结合的搅拌机220V控制电路

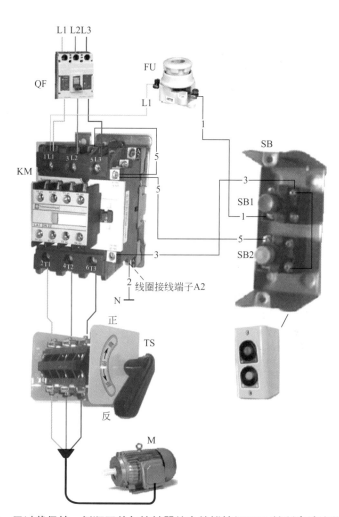

图3-10　无过载保护、倒顺开关与接触器结合的搅拌机220V控制电路实物接线图

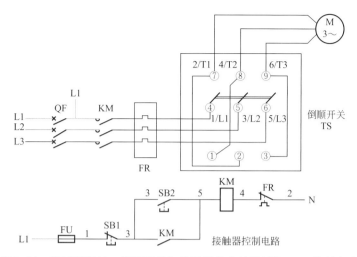

图3-11 有过载保护、倒顺开关与接触器结合的搅拌机220V控制电路

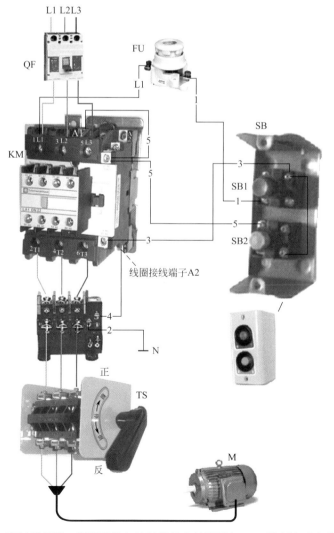

图3-12 有过载保护、倒顺开关与接触器结合的搅拌机220V控制电路实物接线图

例 064　按钮操作、倒顺开关与接触器结合的搅拌机220V控制电路

原理图见图3-13，实物接线图见图3-14。

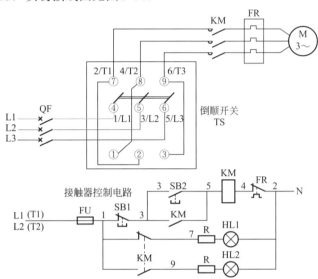

图3-13　按钮操作、倒顺开关与接触器结合的搅拌机220V控制电路

合上断路器QF；倒顺开关TS的电源侧获电。

（1）倒顺开关TS切换到"顺"的位置

倒顺开关TS切换到"顺"的位置，电源L1相→控制回路熔断器FU→1号线→接触器KM的动断触点→7号线→绿色信号灯HL1→2号线→电源N极。绿色信号灯HL1得电灯亮，表示可以进行操作。

接触器KM主触点电源侧带电，相序排列是L1、L2、L3。按下启动按钮SB2，电源L1相→控制回路熔断器FU→1号线→停止按钮SB1动断触点→3号线→启动按钮SB2动合触点（按下时闭合）→5号线→接触器KM线圈→4号线→热继电器FR动断触点→2号线→电源N极。线圈两端形成220V的工作电压，接触器KM线圈得到380V的电压动作，KM的动合触点闭合自保。主电路中的接触器KM三个主触点，同时闭合，从倒顺开关TS的T1、T2、T3三个端子上，获得正向排列的三相交流电源，电动机得电正向运转。驱动机械设备工作。

接触器KM动合触点闭合，电源L1相→控制回路熔断器FU→1号线→接触器KM的动合触点→9号线→绿色信号灯HL2→2号线→电源N极。绿色信号灯HL2得电灯亮，表示电动机运转工作状态。

按下停止按钮SB1，其动断触点断开，切断接触器KM线圈控制电路，接触器KM断电释放，三个主触点同时断开，电动机绕组脱离三相380V交流电源停止运转，机械设备停止工作。

（2）倒顺开关TS切换到"倒"的位置

倒顺开关TS切换"顺"的位置，电源L2相→控制回路熔断器FU→1号线→接触器KM的动断触点→7号线→绿色信号灯HL1→2号线→电源N极。绿色信号灯HL1得电灯亮，表示可以进行操作。

接触器KM主触点电源侧带电，相序排列是L2、L1、L3。按下启动按钮SB2，电源L2相→控制回路熔断器FU→1号线→停止按钮SB1动断触点→3号线→启动按钮SB2动合触点（按下时闭合）→5号线→接触器KM线圈→4号线→热继电器FR动断触点→2号线→电源N极。线圈两端形成220V的工作电压，接触器KM线圈得到380V的电压动作，KM的动合触点闭合自保。主电路中的接触器KM三个主触点同时闭合，从倒顺开关TS的T2、T1、T3三个端子上，获得反向排列的三相交流电源，电动机得电反向运转，驱动机械设备工作。

接触器KM动合触点闭合，电源L2相→控制回路熔断器FU→1号线→接触器KM的动合触点→9号线→绿色信号灯HL2→2号线→电源N极。绿色信号灯HL2得电灯亮，表示电动机运转工作状态。

按下停止按钮SB1，其动断触点断开，切断接触器KM线圈控制电路，接触器KM断电释放，三个主触点同时断开，电动机绕组脱离三相380V交流电源停止运转，机械设备停止工作。

（3）如果机械设备退出使用状态，将倒顺开关TS切换到"停"的位置。

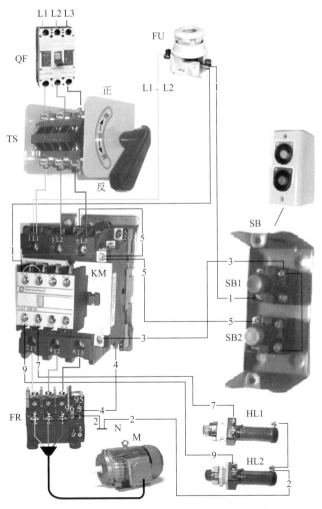

图3-14　按钮操作、倒顺开关与接触器结合的搅拌机220V控制电路实物接线图

脚踏开关控制、倒顺开关与接触器结合的搅拌机控制电路

原理图见图3-15，实物接线图见图3-16。用2只脚踏开关，一只选择用动合触点，一只选择用动断触点。动断触点作为停止开关，动合触点的作为启动开关。

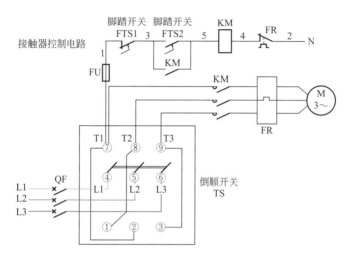

图3-15　脚踏开关控制、倒顺开关与接触器结合的搅拌机控制电路

（1）正方向运转

将倒顺开关TS置于电动机正方向运转位置，脚踩脚踏FTS2，其动合触点闭合，接触器KM得电动作，动合触点KM闭合自保。三个主触点KM同时闭合，电动机正方向运转。

踩脚踏FTS1，其动断触点断开。接触器KM断电释放，主触点三个同时断开，电动机断电停止正向运转。

（2）反方向运转

将倒顺开关TS置于电动机反方向运转位置，脚踩脚踏FTS2，其动合触点闭合，接触器KM得电动作，动合触点KM闭合自保。三个主触点KM同时闭合，电动机反方向运转。

踩脚踏FTS1，其动断触点断开。接触器KM断电释放，主触点三个同时断开，电动机断电停止反向运转。

（3）过负荷停机

电动机发生过负荷运行时，主电路中的热继电器FR动作，串接于接触器KM线圈控制回路中的热继电器FR动断触点断开，切断运行的接触器KM线圈电路，接触器KM断电释放，接触器KM的三个主触点同时断开，电动机断电停转，

注意：倒顺开关TS置于电动机要运转的方向，接触器KM控制电路才会获电。

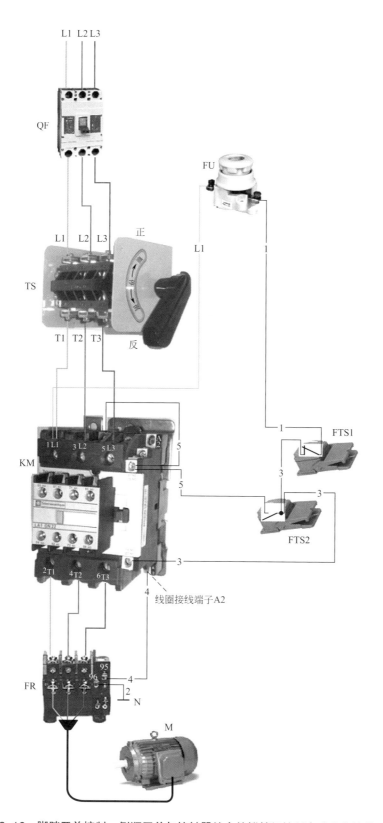

图3-16 脚踏开关控制、倒顺开关与接触器结合的搅拌机控制电路实物接线图

例 066　脚踏开关控制的钢筋弯曲机220V控制电路

　　脚踏开关控制的钢筋弯曲机外形如图3-17所示。脚踏开关控制的钢筋弯曲机220V控制电路见图3-18，实物接线图见图3-19。这是通过脚踏开关进行操作的钢筋弯曲机，通过调节位置，可以把钢筋弯曲成两个角，即90°，135°。脚踏90°的脚踏开关FTS1，弯曲机把钢筋弯曲到90°。脚踏135°的脚踏开关FTS2，弯曲机把钢筋弯曲到135°时。依靠行程开关的动合触点，启动电动机的反方向运转，弯曲机复位。

1—行程开关
2—行程开关
3—行程开关

90°　135°

脚踏开关

图3-17　脚踏开关控制的钢筋弯曲机

电路工作原理

　　检查电动机及弯曲机具备启动条件，方可进行电动机的主电路与控制回路送电。
　　送电操作顺序如下：合上主回路隔离开关QS；合上主回路空气断路器QF；合上控制回路熔断器FU。

钢筋弯曲90°电路工作原理

　　脚踩脚踏开关FTS1动合触点闭合，电源L1相→控制回路熔断器FU→1号线→紧急停止按钮ESB动断触点→3号线→接触器KM0动断触点→5号线→闭合的脚踏开关FTS1动合触点→7号线→90°行程开关LS1动断触点→9号线→接触器KM2动断触点→11号线→接触器KM1线圈→4号线→热继电器FR动断触点→2号线→电源N极。

接触器KM1线圈得电动作,KM1动合触点闭合自保。接触器KM1三个主触点同时闭合,提供电源,电动机启动运转。弯曲机带着钢筋向90°方向旋转,旋转到90°,行程开关LS1动作,动断触点LS1断开,接触器KM1线圈断电释放,接触器KM1的三个主触点断开,电动机脱离电源,钢筋弯曲动作停止。

行程开关LS1动作时,动合触点LS1闭合。

电源L3相→控制回路熔断器FU→1号线→紧急停止按钮ESB动断触点→3号线→行程开关LS1动合触点→19号线→行程开关LS0动断触点→21号线→接触器KM2动断触点→23号线→接触器KM1动断触点→25号线→弯曲机复位接触器KM0线圈→2号线→电源

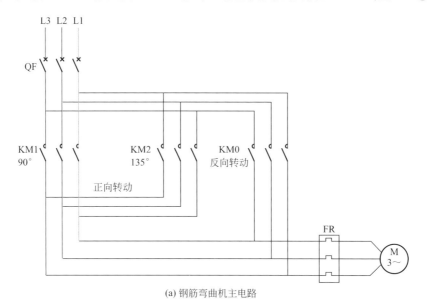

(a) 钢筋弯曲机主电路

(b) 钢筋弯曲机控制电路

图3-18 脚踏开关控制的钢筋弯曲机220V控制电路

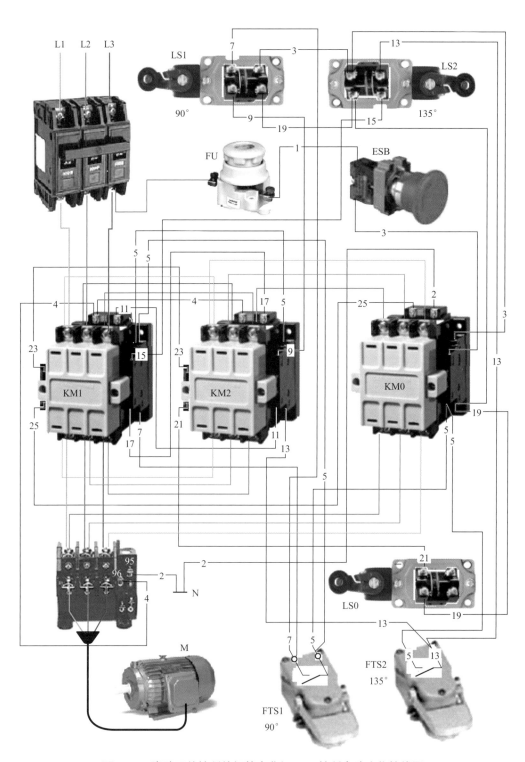

图3-19 脚踏开关控制的钢筋弯曲机220V控制电路实物接线图

N极。

接触器KM0线圈得电动作，KM0动合触点闭合自保。接触器KM0三个主触点同时闭合，提供电源，电动机获得按L3、L2、L1排列的三相电源。反方向运转，驱动弯曲机复位。

当弯曲机返回原始位置，行程开关LS0动作，动断触点LS0断开，接触器KM0线圈断电释放，接触器KM0的三个主触点断开，电动机脱离电源停止，钢筋弯曲机回归原始位置。弯曲机完成一次，把钢筋弯曲90°的工作。

钢筋弯曲135° 电路工作原理

放入钢筋后，脚踩脚踏开关FTS2动合触点闭合，电源L1相→控制回路熔断器FU→1号线→紧急停止按钮ESB动断触点→3号线→接触器KM0动断触点→5号线→闭合的脚踏开关FTS2动合触点→13号线→135°行程开关LS2动断触点→15号线→接触器KM1动断触点→17号线→接触器KM2线圈→4号线→热继电器FR动断触点→2号线→电源N极。

接触器KM2线圈得电动作，KM2动合触点闭合自保。接触器KM2三个主触点同时闭合，提供电源，电动机启动运转。弯曲机带着钢筋向135°方向旋转，旋转到135°，行程开关LS2动作，动断触点LS2断开，接触器KM2线圈断电释放，接触器KM2的三个主触点断开，电动机脱离电源，钢筋弯曲动作停止。

行程开关LS2动作时，动合触点LS2闭合。

电源L1相→控制回路熔断器FU→1号线→紧急停止按钮ESB动断触点→3号线→行程开关LS2动合触点→19号线→行程开关LS0动断触点→21号线→接触器KM2动断触点→23号线→接触器KM1动断触点→25号线→弯曲机复位接触器KM0线圈→2号线→电源N极。

接触器KM0线圈得电动作，KM0动合触点闭合自保。接触器KM0三个主触点同时闭合，提供电源，电动机获得按L3、L2、L1排列的三相电源。反方向运转，驱动弯曲机复位。

当弯曲机返回原始位置，行程开关LS0动作，动断触点LS0断开，接触器KM0线圈断电释放，接触器KM0的三个主触点断开，电动机脱离电源停止，钢筋弯曲机回归原始位置。弯曲机完成一次，把钢筋弯曲135°的工作。

紧急停机

遇到紧急情况，应该立即按下紧急停止按钮ESB（这种紧急停止按钮，按下时自锁）动断触点断开，切断控制电路。运行的接触器就会断电释放，弯曲机停止弯曲工作。

电动机发生过负荷运行时，主电路中的热继电器FR动作，串接于接触器线圈控制回路中的热继电器FR动断触点断开，切断运行的接触器线圈电路，接触器断电释放，接触器的三个主触点同时断开，电动机断电停转，弯曲机停止工作。

思考：本图是根据施工现场的实际画出的电路图，接触器KM0线圈一端2号线直接连接到电源中性线上，反方向运转没有过负荷保护。如果把弯曲机的接触器KM0线圈的2号线连接到4号线位置。当电动机反方向运转出现过负荷时，热继电器FR动作，接触器KM0断电释放，电动机停机，能够起到对电动机的保护。

例 **067**
只能自动转换的星三角降压启动220V控制电路

原理图见图3-20，实物接线图见图3-21。在图3-20电路中，采用时间继电器的两个触点，即一个延时断开的动断触点，一个延时闭合的动合触点，用于星三角转换过程的时间控制。图中的FR可以选择热继电器，也可选用电动机保护器。

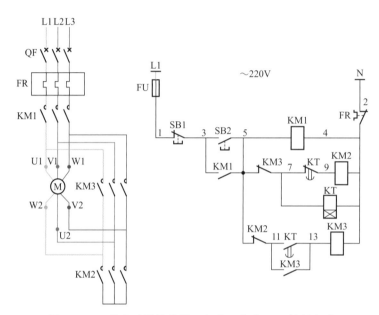

图3-20　只能自动转换的星三角降压启动220V控制电路

电路工作原理

检查电动机具备启动条件，方可进行电动机的主电路与控制回路送电。

操作顺序如下：合上主回路空气断路器QF；合上控制回路熔断器FU。完成上述操作，电动机具备启动条件，进入热备用状态。

（1）启动电动机

按下启动按钮SB2动合触点，电源L1相→控制回路熔断器FU→1号线→停止按钮SB1动断触点→3号线→启动按钮SB2动合触点（按下时闭合）→5号线→分两路：

① →接触器KM1线圈→4号线→电动机保护器FR动断触点→2号线→电源N极。

② →接触器KM3动断触点→7号线→分两路：

a. 时间继电器KT延时断开的动断触点→9号线→接触器KM2线圈→4号线→电动机保护器FR动断触点→2号线电源N极。

b. 时间继电器KT线圈→4号线→电动机保护器FR动断触点→2号线→电源N极。

接触器KM1线圈、接触器KM2线圈、时间继电器KT线圈、同时得电动作，KM1动合

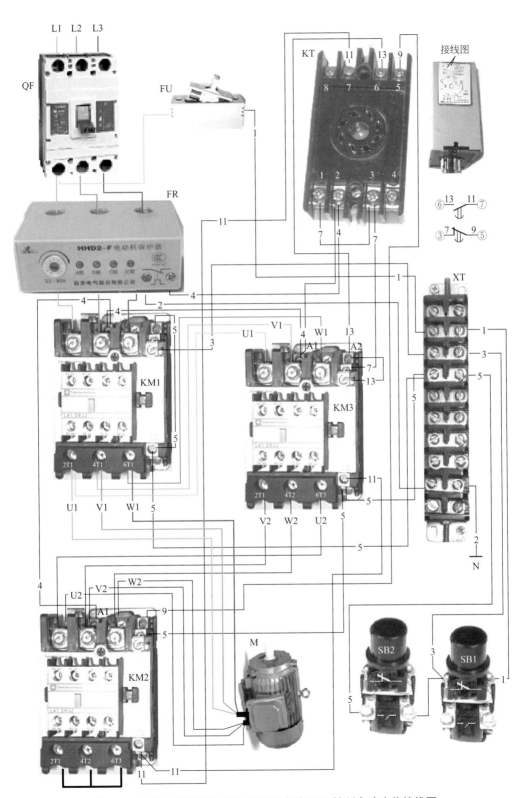

图3-21 只能自动转换的星三角降压启动220V控制电路实物接线图

触点闭合自保。KM2的三个主触点同时闭合,把电动机M定子绕组短接成星形接线,接触器KM1三个主触点闭合中,提供电源,电动机启动运转。

待时间继电器KT达到整定值时,KM2电路中的时间继电器KT动断触点延时断开,切断KM2线圈电路,KM2断电释放,电动机M绕组星点断开,电动机处于惯性运转中。KM1在吸合中,电动机仍在通电状态。

时间继电器KT动合触点延时闭合,角接运行接触器KM3线圈电路是这样接通的:

电源L1相→控制回路熔断器FU→1号线→停止按钮SB1动断触点→3号线→接触器KM1闭合的(自保)动合触点→5号线→复归的接触器KM2动断触点→11号线→时间继电器KT延时闭合的动合触点→13号线→接触器KM3线圈→4号线→电动机保护器FR动断触点→2号线→电源N极。

角接运行接触器KM3线圈电路接通,接触器KM3得电动作。接触器KM3动合触点闭合,将时间继电器KT延时闭合的动合触点短接,同时为角接运行接触器KM3线圈电路自保。

接触器KM3的三个主触点同时闭合,把电动机定子绕组,短接成三角形接线。KM1的三个主触点仍在闭合中,由于接触器KM3三个主触点同时闭合,电动机获得380V交流电压启动运转。进入三角形接线的(正常)运行状态。接触器KM3动作,动断触点KM3断开,隔离接触器KM2线圈控制电路。时间继电器KT断电释放,所属触点复归原始状态。

(2)正常停止

需要停止时,只要按下停止按钮SB1,控制电路断电,接触器KM1和接触器KM3线圈同时断电释放,接触器KM1的三个主触点断开,电动机M脱离电源停止转动,被驱动的机械设备通风机、泵、压缩机等停止工作。

(3)过负荷停机

电动机发生过负荷运行时,主电路中的电动机保护器FR动作,控制回路中的电动机保护器FR动断触点断开,切断运行的接触器KM1、KM3线圈电路,接触器KM1、KM3断电释放,接触器KM1、KM3的三个主触点同时断开,电动机断电停转,

例 **068**

采用手动转换的星三角启动380V控制电路

原理图见图3-22，实物接线图见图3-23。在图3-22电路中，采用三个控制按钮，用于停机的按钮标号是"SB1"，用于开车的按钮，标号是"SB2"，用于星三角转换的按钮，标号是"SB3"。星三角转换过程的时间控制，是电动机启动过程中靠人的估计和听到电动机运转声音的变化决定按下"SB3"的时间。

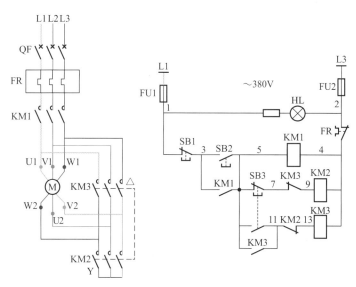

图3-22　采用手动转换的星三角启动380V控制电路

 **电路工作原理**

检查电动机及机械设备已经具备启动条件，电动机主电路与控制回路送电操作顺序如下：合上主回路隔离开关QS；合上主回路空气断路器QF；合上控制回路熔断器FU1、FU2；

合上控制回路熔断器后，电源L1相→控制回路熔断器FU1→1号线→信号灯HL→2号线→控制回路熔断器FU2→电源L3相。信号灯HL电路接通，信号灯HL灯亮，表示电动机回路送电，具备启动条件，电动机处于热备用状态。

（1）启动电动机

按下启动按钮SB2，电源L1相→控制回路熔断器FU1→1号线→停止按钮SB1动断触点→3号线→启动按钮SB2动合触点（按下时闭合）→5号线→分两路：

①　→接触器KM1线圈→4号线→热继电器FR动断触点→2号线→控制回路熔断器FU2→电源L3相；

② →按钮SB3动断触点→7号线→接触器KM3动断触点→9号线→接触器KM2线圈→4号线→热继电器FR动断触点→2号线→控制回路熔断器FU2→电源L3相。接触器KM1线圈和接触器KM2线圈同时得电动作，接触器KM1动合触点闭合自保。

接触器KM2的三个主触点同时闭合，把电动机M定子绕组短接成星形接线，接触器KM1三个主触点闭合，提供电源，电动机星启动下运转。

待转速接近正常时，按下转换按钮SB3动断触点先断开，切断接触器KM2控制电路，

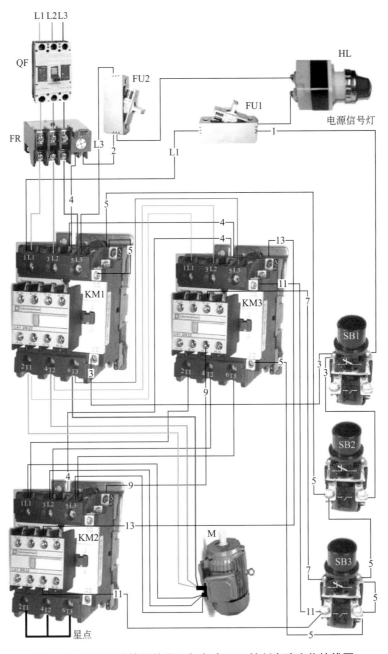

图3-23　采用手动转换的星三角启动380V控制电路实物接线图

接触器KM2断电释放，KM2的三个主触点同时断开，解除星形接线，电动机仍惯性运转中。

按到按钮SB3动合触点闭合时，电源L1相→熔断器FU1→1号线→停止按钮SB1动断触点→3号线→闭合中的接触器KM1动合触点→5号线→按钮SB3动合触点（按到位时闭合）→11号线→复位的接触器KM2动断触点→13号线→接触器KM3线圈→4号线→热继电器FR动断触点→2号线→控制回路熔断器FU2→电源L3相。电路接通，接触器KM3得电动作。接触器KM3动合触点闭合自保。

接触器KM3三个主触点同时闭合，把电动机M定子绕组短接成角接线。接触器KM1三个主触点仍在闭合中，由于接触器KM3三个主触点的同时闭合，电动机获得380V电压启动运转，电动机处在角接运行。接触器KM3动断触点断开，将接触器KM2线圈电路隔离。

（2）正常停机

需要停机时，只要按下停止按钮SB1，控制电路断电，接触器KM1、接触器KM3控制电路断电释放，接触器KM3、KM1各自的主触点断开，电动机脱离电源停止转动，被驱动的机械设备泵、风机、压缩机等停止工作。

（3）过负荷停机

电动机发生过负荷运行时，主电路中的热继电器FR动作，控制回路中的热继电器FR动断触点断开，切断运行的接触器KM1、KM3线圈电路，接触器KM1、KM3同时断电释放，各自的主触点同时断开，电动机断电停止运转。

星三角电路中的接触器主触点与电动机绕组的连接，见图3-24。

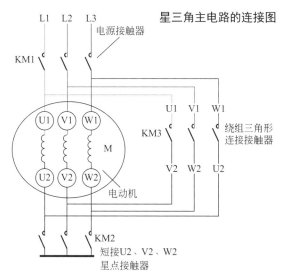

图3-24 星三角电路中接触器主触点与电动机绕组的连接

例 069
压力触点控制的补助润滑油泵220V控制电路

电路图见图3-25，实物接线图见图3-26。

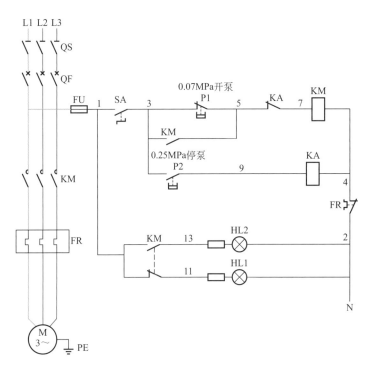

图3-25　压力触点控制的补助润滑油泵220V控制电路

电路工作原理

润滑油泵工艺方面准备工作完成，润滑油箱内的油液面正常位置，具备补助润滑油泵送电的条件。合上润滑油泵隔离开关QS；合上润滑油泵断路器QF；接触器KM三个主触点的电源侧带电。合上润滑油泵控制回路熔断器FU，接触器KM动断触点→11号线→信号灯HL1得电灯亮，表示润滑油泵回路送电。

当机械设备润滑油管路中的压力降至0.07MPa时，压力触点P1闭合。电源L1相→控制回路熔断器FU→1号线→控制开关SA触点→3号线→压力触点P1动断触点→5号线→闭合的继电器KA动断触点→7号线→接触器KM线圈→4号线→热继电器FR动断触点→2号线→电源N极，接触器KM线圈得电动作，KM动合触点闭合自保，KM三个主触点同时闭合，电动机绕组得电运转，补助润滑油泵工作。

接触器KM动合触点闭合→13号线→信号灯HL2得电灯亮，表示补助润滑油泵工作。管路润滑油压上升到0.25MPa时，压力触点P2动合触点闭合→9号线→继电器KA线圈得电动作，其动断触点KA断开，切断接触器KM线圈的控制线路，接触器KM线圈断电，接触器KM释放，KM三个主触点同时断开，电动机绕组脱离三相380V交流电源停止转动，补助润滑油泵停止工作。

手动停机：控制开关SA触点断开，切断接触器KM线圈的控制线路，接触器KM线圈断电，接触器KM释放，KM的三个主触点同时断开，电动机绕组脱离三相380V交流电源停止转动，补助润滑油泵停止工作。

润滑油泵电动机由于某些原因，电动机的运行电流达到热继电器FR整定值时，主回路中热继电器FR动作，其动断触点断开，切断接触器KM线圈电路，接触器KM线圈断电，接触器KM释放，接触器KM的三个主触头同时断开，电动机M绕组脱离三相380V交流电源停止转动，润滑油泵停止工作。

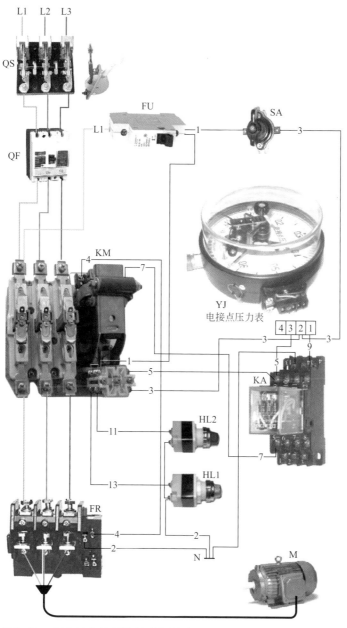

图3-26　压力触点控制的补助润滑油泵220V控制电路实物接线图

例 **070** 采用倒顺开关改变相序、过载停泵报警、正反转的油泵电动机220V控制电路

电路图见图3-27，实物接线图见图3-28。

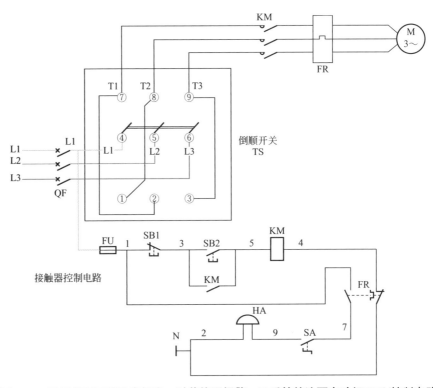

图3-27　采用倒顺开关改变相序、过载停泵报警、正反转的油泵电动机220V控制电路

📋 **电路工作原理** 🔄

合上断路器QF，倒顺开关TS的电源侧获电。

（1）开泵（正方向运转）与停泵

1）逆时针方向旋转倒顺开关TS手柄，将倒顺开关TS切换到"顺"的位置，按其触点闭合（自锁）：

电源L1→TS端子④→触点→端子⑦→T1→接触器KM主触点电源侧；

电源L2→TS端子⑤→触点→端子⑧→T2→接触器KM主触点电源侧；

电源L3→TS端子⑥→触点→端子⑨→T3→接触器KM主触点电源侧。

接触器KM主触点电源侧获得正向排列的L1、L2、L3三相交流电源。

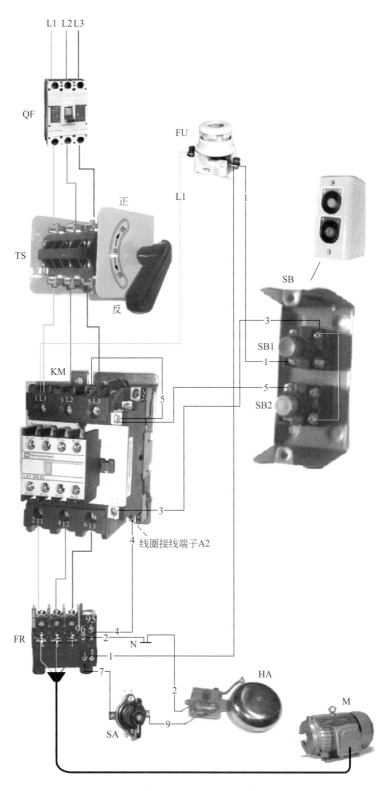

图3-28 采用倒顺开关改变相序、过载停泵报警、正反转的油泵电动机
220V控制电路实物接线图

按下启动按钮SB2动合触点闭合。电源L1相→控制回路熔断器FU→1号线→停止按钮SB1动断触点→3号线→启动按钮SB2动合触点（按下时闭合）→5号线→接触器KM线圈→4号线→热继电器FR动断触点→2号线→电源N极，接触器KM线圈得电并吸合动作，接触器KM辅助的动合触点闭合自保，接触器KM三个主触点同时闭合，油泵电动机绕组得电运转，润滑油泵工作。

2）按下停止按钮SB1动断触点断开，切断接触器KM线圈的控制线路，接触器KM线圈断电释放，接触器KM三个主触点同时断开，电动机M绕组脱离三相380V交流电源停止转动，润滑油泵停止工作。

（2）开泵（反方向运转）与停泵

1）顺时针方向旋转倒顺开关TS手柄，将倒顺开关TS从"停"、切换到"倒"的位置，其触点闭合（自锁）：

电源L1→TS端子④→触点→端子①→端子⑧→T2→接触器KM主触点电源侧；

电源L2→TS端子⑤→触点→端子②→端子⑦→T1→接触器KM主触点电源侧；

电源L3→TS端子⑥→触点→端子③→端子⑨→T3→接触器KM主触点电源侧。

接触器KM主触点电源侧相序改变，获得按L2、L1、L3排列的三相交流电源。

按下启动按钮SB2动合触点闭合。电源L1相→控制回路熔断器FU→1号线→停止按钮SB1动断触点→3号线→启动按钮SB2动合触点（按下时闭合）→5号线→接触器KM线圈→4号线→热继电器FR动断触点→2号线→电源N极，接触器KM线圈得电并吸合动作，接触器KM辅助的动合触点闭合自保，接触器KM三个主触点同时闭合，油泵电动机绕组获得按L2、L1、L3排列的三相交流电源，电动机反向启动运转，油泵工作。

2）按下停止按钮SB1动断触点断开，切断接触器KM线圈的控制线路，接触器KM线圈断电释放，接触器KM三个主触点同时断开，电动机M绕组脱离三相380V交流电源停止转动，油泵停止反方向运转。

（3）如果机械设备退出使用状态，将倒顺开关TS切换到"停"的位置。

（4）过负荷停机与报警

电动机发生过负荷运行时，主电路中的热继电器FR动作，串接于接触器KM线圈控制回路中的热继电器FR动断触点断开，切断运行的接触器KM线圈电路，接触器KM断电释放，接触器KM的三个主触点同时断开，电动机断电停转。

过载时热继电器FR的动合触点闭合，电源L1相→控制回路熔断器FU→1号线→闭合的热继电器FR的动合触点→7号线→报警解除开关SA触点→9号线→报警电铃HA线圈→2号线→电源N极。电铃HA得电，铃响报警。

断开解除开关SA，报警电铃HA线圈断电，过载报警音响终止。电工经过检查确认过载原因并且处理后，按下热继电器FR复位钮，热继电器复位。

例 **071**

按钮操作、给水管路压力低报警、水泵电动机220V控制电路

电路图见图3-29，实物接线图见图3-30。

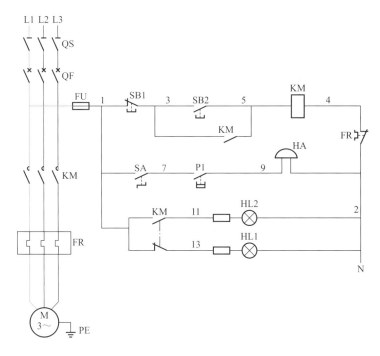

图3-29　按钮操作、给水管路压力低报警、水泵电动机220V控制电路

电路工作原理

　　检查确定报警解除开关SA在断开位置，压力触点P1在正常的工作范围内是断开的。

　　合上水泵电路隔离开关QS；合上水泵电路断路器QF；合上控制回路熔断器FU。电源L1通过接触器KM动断触点→13号线→信号灯HL1得电灯亮，表示水泵电动机热备用状态。

　　按下启动按钮SB2，电源L1相→控制回路熔断器FU→1号线→停止按钮SB1动断触点→3号线→启动按钮SB2动合触点（按下时闭合）→5号线→接触器KM线圈→4号线→热继电器FR动断触点→2号线→电源N极，接触器KM线圈得电，铁芯吸合动作，接触器KM动合触点闭合自保，接触器KM三个主触点同时闭合，水泵电动机绕组得电运转，水泵工作。

　　KM动合触点闭合→11号线→信号灯HL2得电灯亮，表示水泵电动机运转状态。

合上报警解除开关SA。

给水管路压力低时，压力触点P1接通，电铃HA线圈得电。铃响发出给水管路压力低预告信号。断开报警解除开关SA，铃响终止。

电动机发生过负荷运行时，主电路中的热继电器FR动作，串接于接触器KM线圈控制回路中的热继电器FR动断触点断开，切断运行的接触器KM线圈电路，接触器KM断电释放，接触器KM的三个主触点同时断开，电动机断电停转。

按下停止按钮SB1，其动断触点断开，切断接触器KM线圈控制电路，接触器KM断电释放，三个主触点同时断开，电动机M脱离三相380V交流电源停转，所驱动的机械设备停止运行。

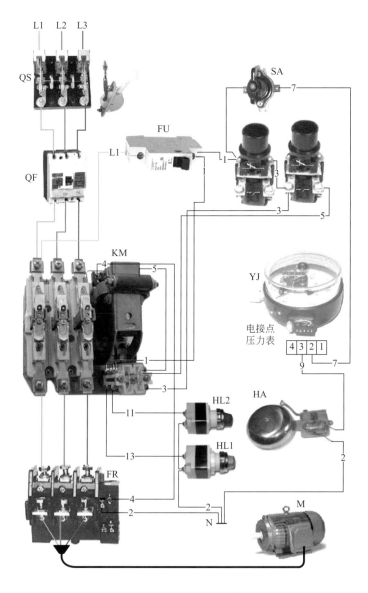

图3-30　按钮操作、给水管路压力低报警、水泵电动机220V
控制电路实物接线图

例 **072** 手动自动控制相结合的补助润滑油泵220V控制电路

在需要不得中断润滑油的机械设备上除有常用润滑油泵外，为保证机械设备安全运行，还要设补助油泵，原理图见图3-31，实物接线图见图3-32。在润滑油压力不足时，进行补充润滑油的油泵，称补助润滑油泵。

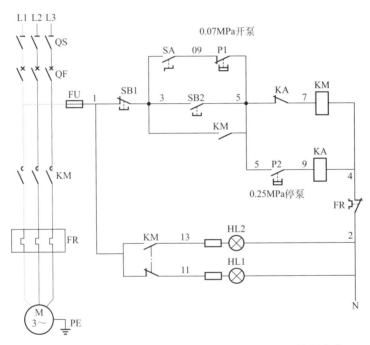

图3-31　手动自动控制相结合的补助润滑油泵220V控制电路

🔧 **电路工作原理** 🔄

补助润滑油泵工艺方面准备工作完成，具备补助润滑油泵送电的条件，送电的操作如下：合上补助润滑油泵隔离开关QS；合上补助润滑油泵电源断路器QF；合上补助润滑油泵控制回路熔断器FU。

（1）补助润滑油泵手动启停

按下启动按钮SB2，电源L1相→控制回路熔断器FU→1号线→停止按钮SB1动断触点→3号线→启动按钮SB2动合触点（按下时闭合）→5号线→中间继电器KA动断触点→7号线→接触器KM线圈→4号线→热继电器FR动断触点→2号线→电源N极，接触器KM线圈得电铁芯吸合动作，接触器KM动合触点闭合自保，接触器KM三个主触点同时闭合，油泵电动机绕组得电运转，油泵工作。润滑油压力达到压缩机润滑需要的油压力0.25MPa后，润滑油泵停止工作。

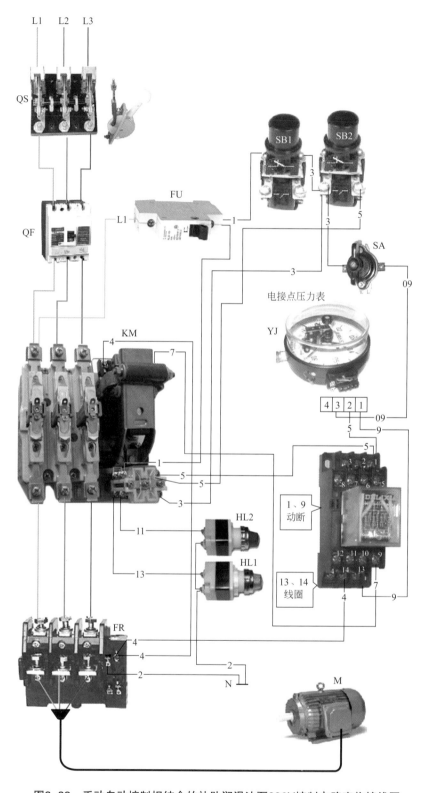

图3-32　手动自动控制相结合的补助润滑油泵380V控制电路实物接线图

（2）补助润滑油泵自动运转

需要自动补充润滑油压力时，合上控制开关SA。当润滑油压力低于规定压力值0.07MPa时，压力触点P1闭合，相当于按下启动按钮SB2作用。

电源L1相→控制回路熔断器FU→1号线→停止按钮SB1动断触点→3号线→控制开关SA触点→09号线→油压触点P1闭合中→5号线→中间继电器KA动断触点→7号线→接触器KM线圈→4号线→热继电器FR动断触点→2号线→电源N极。接触器KM线圈得电并吸合动作，接触器KM动合触点闭合自保，接触器KM三个主触点同时闭合，油泵电动机M绕组得电运转，油泵工作。润滑油压上升，压力达到压缩机润滑需要的油压力0.25MPa后，压力触点P2闭合。

电源L1相→控制回路熔断器FU→1号线→停止按钮SB1动断触点→3号线→分两路：

① 控制开关SA触点→09号线→油压触点P1闭合中→5号线→油压触点P2闭合中→9号线→中间继电器KA线圈→4号线→热继电器FR动断触点→2号线→电源N极。

② 接触器KM动合触点（已经在闭合中）→5号线→油压触点P2闭合中→9号线→中间继电器KA线圈→4号线→热继电器FR动断触点→2号线→电源N极。

中间继电器KA得电并吸合动作，接触器KM控制电路中的KA动断触点断开，切断接触器KM线圈电路，接触器KM线圈断电，接触器KM释放，接触器KM三个主触头同时断开，电动机M绕组脱离三相380V交流电源，停止转动，油泵停止工作。

为防止主机正常停机后，低油压下补助油泵自行启动，线路中安装控制开关SA，主机停机前，将控制开关SA断开，油泵不会因油压低而自行启动。

（3）润滑油泵正常与过负荷停泵

① 按人愿望停泵：按下停止按钮SB1动断触点断开，切断接触器KM线圈电路，接触器KM线圈断电，接触器KM释放，接触器KM三个主触头同时断开，电动机M绕组脱离三相380V交流电源停止转动，油泵停止工作。

② 自动停泵：补充的润滑油压力到达整定值，电接点压力表YJ的触点P2闭合，中间继电器KA得电动作，接触器KM控制电路中的KA动断触点断开，切断接触器KM线圈电路，油泵停止工作。

③ 过负荷停泵：补助油泵过负荷时，主回路中热继电器FR动作其动断触点切断接触器KM线圈电路，补助油泵停止工作。

例 **073** 两台相互备用的润滑油泵220V控制电路

　　1号泵原理图见图3-33，实物接线图见图3-34。2号泵原理图见图3-35，实物接线图见图3-36。两台泵采用相互备用的接线方式，如果其中一台故障停机，作为备用的润滑油泵能自动启动运行满足生产需要，同时也为泵和电气检修提供方便条件。

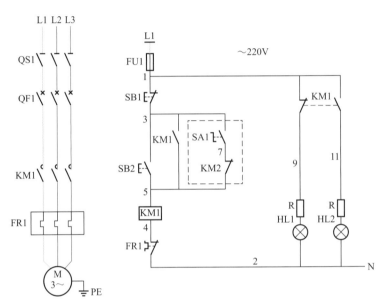

图3-33　可作为备用自启的1号泵电动机220V控制电路

 电路工作原理

　　（1）1号泵送电与启停

　　检查自投切换开关SA1、SA2在断开位置；合上常用泵隔离开关QS1；合上断路器QF1；合上常用泵控制回路熔断器FU1。

　　1）启动1号泵

　　按下启动按钮SB2，电源L1相→控制回路熔断器FU1→1号线→停止按钮SB1动断触点→3号线→启动按钮SB2动合触点（按下时闭合）→5号线→常用泵接触器KM1线圈→4号线→热继电器FR1动断触点→2号线→电源N极。

　　接触器KM1得电动作，接触器KM1动合触点闭合起自保作用，维持接触器KM1吸合状态，接触器KM1三个主触点同时接通，1号泵电动机得电运转，1号泵投入工作。动合触点KM1闭合→11号线→信号灯HL2得电灯亮，表示1号泵电动机M1运行状态。

　　2）正常停泵

　　需要停泵时，检查自投开关SA1断开位置，按下停止按钮SB1，控制电路断电，接触器KM1断电释放，接触器KM1的三个主触点同时断开，1号泵电动机脱离电源停止转动，1号泵停止工作。

（2）2号泵送电与启停

检查自投切换开关SA1、SA2在断开位；合上2号泵隔离开关QS2；合上2号泵断路器QF2；合上1号泵控制回路熔断器FU2。

1）启动2号泵

按下启动按钮SB4，电源L1相→控制回路熔断器FU2→21号线→停止按钮SB3动断触点→23号线→启动按钮SB4动合触点（按下时闭合）→25号线→接触器KM2线圈→24号线→热继电器FR2动断触点→22号线→电源N极。

接触器KM2得电动作，接触器KM2动合触点闭合起自保作用，维持接触器KM2吸合状态，主电路中的接触器KM2三个主触点同时接通，2号泵电动机得电运转，2号泵投入工作。动合触点KM2闭合→31号线→信号灯HL4灯亮，表示2号泵电动机运行状态，

2）正常停泵

需要停泵时，检查自投开关SA2断开位置，按下停止按钮SB3，其动断触点断开，切断

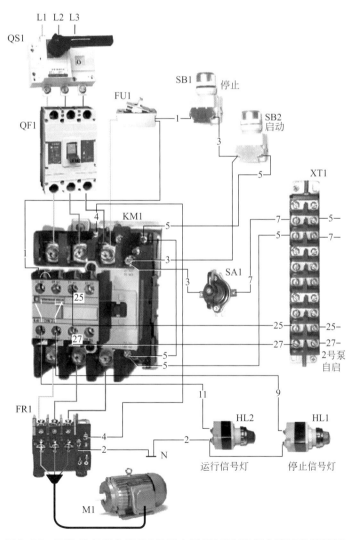

图3-34　可作为备用自启的1号泵电动机220V控制电路实物接线图

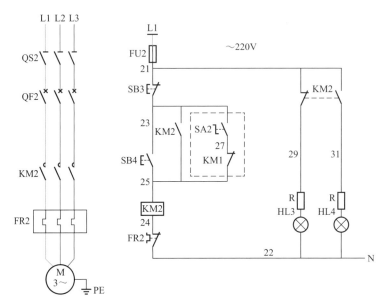

图3-35 可作为备用自启的2号泵电动机220V控制电路

控制电路，接触器KM2断电释放，接触器KM2的三个主触点同时断开，2号泵电动机脱离电源停止转动，2号泵停止工作。

（3）2号泵自动投入控制电路工作原理

1）2号泵自动运行

把自投控制开关SA2触点与1号泵接触器KM1动断触点串接后，再与2号泵接触器KM2控制电路中的启动按钮SB4并联，构成2号泵电动机备用自启控制电路。

1号泵投入运行后，合上2号自投控制开关SA2。

常用电动机故障停机时，接触器KM1断电释放，用于启动2号泵接触器KM1动断触点回归原始（接通）状态。

这时，电源L1相→控制回路熔断器FU2→21号线→停止按钮SB3动断触点→23号线→自投控制开关SA2自投位置接通的触点→27号线→1号泵接触器KM1的动断触点→25号线→2号泵接触器KM2线圈→24号线→热继电器FR2动断触点→22号线→电源N极。

接触器KM2得电动作，接触器KM2动合触点闭合起自保作用，维持接触器KM2吸合状态，主电路中的接触器KM2三个主触点同时接通，2号泵电动机得电运转，2号泵投入工作。动合触点KM2闭合→31号线→信号灯HL4灯亮，表示2号泵电动机运行状态。

2号泵电动机自动运行后，应该断开自投控制开关SA2。

2）正常停泵

需要停泵时，检查自投开关SA2断开位置，按下停止按钮SB3，其动断触点断开，KM2控制电路断电，接触器KM2断电释放，接触器KM2的三个主触点同时断开，2号泵电动机脱离电源停止转动，2号泵停止工作。

（4）1号泵自动投入控制电路工作原理

把自投控制开关SA1触点与2号泵接触器KM2动断触点串接后，再与1号泵接触器KM1控制电路中的启动按钮SB2并联，构成1号泵电动机备用自启控制电路。

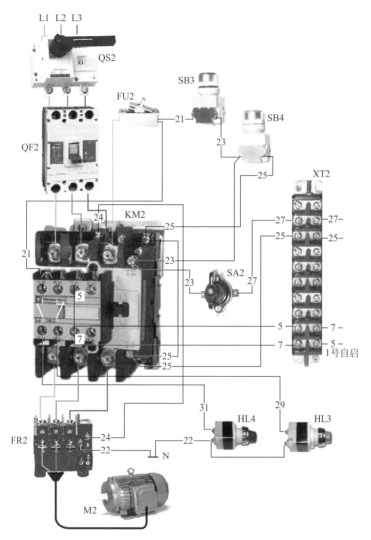

图3-36 可作为备用自启的2号泵电动机220V控制电路实物接线图

2号泵运行后，合上1号泵自投控制开关SA1。2号泵由于系统电压波动、故障、瞬时停电，2号泵电动机接触器KM2断电释放，用于启动1号泵接触器KM2的动断触点回归原始（接通）状态。

这时，电源L1相→控制回路熔断器FU1→1号线→停止按钮SB1动断触点→3号线→自投控制开关SA1自投位置接通的触点→7号线→2号泵接触器KM2的动断触点→5号线→常用泵电动机接触器KM1线圈→4号线→热继电器FR1动断触点→2号线→电源N极。

1号泵电动机接触器KM1线圈得电动作，接触器KM1动合触点闭合起自保作用，维持接触器KM1工作状态，接触器KM1三个主触点同时接通电动机主电路，1号泵电动机得电运转，1号泵工作。

接触器KM1动合触点闭合，信号灯HL2灯亮，表示1号泵电动机运行状态，1号泵电动机运行后，及时将自投控制开关SA1断开。

（5）1号泵与2号泵互换的操作

化工生产装置中，如原料泵一般是不许间断运行的，间断运行会引起生产工艺流程波动，因某些原因要将运行中的泵停下来进行检修，必须先将备用泵开起来，待压力平稳后，再将运转中的泵停下来。为保证生产的平稳与安全就必须按照规定的顺序进行操作。

1）从1号泵电动机运转的条件下切换到2号泵的操作

操作前要注意2号泵的绿色信号灯HL3是亮的，表明2号泵电源处于送电状态，把自投切换开关SA2搬到中间位置（断开）。

启动2号泵：

按下启动SB4，电源L1相→控制回路熔断器FU2→停止按钮SB3动断触点→启动按钮SB4动合触点（按下时闭合）→2号泵电动机接触器KM2线圈→热继电器FR2动断触点→电源N极。

2号电动机接触器KM2得电动作，动合触点KM2闭合起自保作用，维持接触器KM2的工作状态，接触器KM2三个主触点同时接通，2号泵电动机M2得电运转，2号泵电动机投入工作。接触器KM2动合触点闭合，信号灯HL4得电灯亮，表示2号电动机运行状态。待压力平稳后，按下1号泵停止按钮SB1，1号泵停止工作。

2）从2号泵电动机运转的条件下切换到1号泵运行的操作

1号泵机械或电气故障处理结束后，要及时切换到1号泵运转，首先值班电工进行送电方面的操作：检查自投切换开关SA1在中间位置（断开）；合上1号泵隔离开关QS1；合上1号泵断路器QF1；合上1号泵控制回路熔断器FU1。

启动1号泵：

按下启动SB2，电源L1相→控制回路熔断器FU1→停止按钮SB1动断触点→启动按钮SB2动合触点（按下时闭合）→1号泵接触器KM1线圈→热继电器FR1动断触点→电源N极。1号泵接触器KM1得电动作，接触器KM1动合触点闭合起自保作用，维持接触器KM1吸合状态，接触器KM1三个主触点同时接通，1号泵电动机得电运转，1号泵投入工作。接触器KM1动合触点闭合，信号灯HL2灯亮，表示1号泵电动机运行状态。

（6）故障下停机

1）当2号泵电动机发生过负荷运行时，热继电器FR2动作，串接KM2控制回路中的热继电器FR2动断触点断开，接触器KM2线圈电路断电，接触器KM2的三个主触点断开，2号泵电动机M2断电停转，备用泵停止工作。

2）当1号泵电动机发生过负荷运行时，热继电器FR1动作，串接于KM1控制回路中的热继电器FR1动断触点断开，接触器KM1线圈电路断电，接触器KM1三个主触点同时断开，1号泵电动机M断电停转，1号泵停止工作。

3）1号泵电动机回路发生短路故障时，断路器QF1自动跳闸，1号泵电动断电停转，1号泵停止工作。

4）2号电动机回路发生短路故障时，断路器QF2自动跳闸，2号泵电动机断电停转，2号泵停止工作。

第4章

用于机械设备电动机的正反转控制电路

例 **074**
无联锁、无过载保护、无信号灯的正反转220V控制电路

原理图见图4-1，实物接线图见图4-2。合上控制回路熔断器FU就可以操作了。

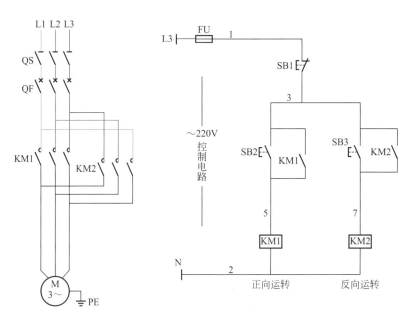

图4-1　无联锁、无过载保护、无信号灯的正反转220V控制电路

电路工作原理

（1）电动机正向运转

按下正向启动按钮SB2，电源L3相→控制回路熔断器FU→1号线→停止按钮SB1动断触点→3号线→启动按钮SB2动合触点（按下时闭合中）→5号线→正向接触器KM1线圈→2号线→电源N极。电路接通，接触器KM1线圈获220V电压动作。动合触点KM1闭合自保。回路中正向接触器KM1三个主触点同时闭合，电动机M绕组获得按L1、L2、L3排列的三相380V交流电源，电动机正向运转。

当按下停止按钮SB1时，动断触点SB1断开，切断正向接触器KM1控制电路，接触器KM1线圈断电释放，接触器KM1的三个主触点断开，电动机断电停止运转。

（2）电动机反向运转

按下反向启动按钮SB3，电源L3相→控制回路熔断器FU→1号线→停止按钮SB1动断触点→3号线→启动按钮SB3动合触点（按下时闭合中）→7号线→反向接触器KM2线圈→2号线→电源N极。电路接通，接触器KM2线圈获220V电压动作。动合触点KM2闭合自

保。 主回路中反向接触器KM2三个主触点同时闭合，电动机M绕组获得按L3、L2、L1排列的三相380V交流电源，电动机反向运转。

当按下停止按钮SB1时，动断触点SB1断开，切断反向接触器KM2控制电路，接触器KM2线圈断电释放，接触器KM2的三个主触点断开，电动机断电停止运转。

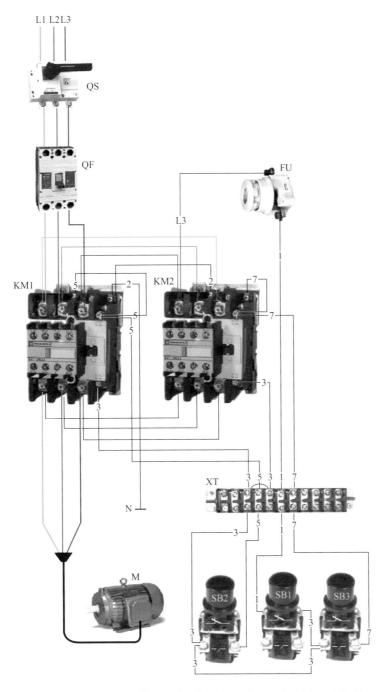

图4-2　无联锁、无过载保护、无信号灯的正反转220V控制电路实物接线图

无联锁、无过载保护、无信号灯的正反转380V控制电路

原理图见图4-3，实物接线图见图4-4，合上控制回路熔断器FU1、FU2，电动机电路具备启停操作条件。

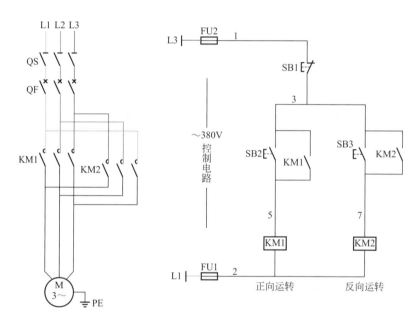

图4-3 无联锁、无过载保护、无信号灯的正反转380V控制电路

 电路工作原理

（1）电动机正向运转

按下正向启动按钮SB2，电源L3相→控制回路熔断器FU2→1号线→停止按钮SB1动断触点→3号线→启动按钮SB2动合触点（按下时闭合中）→5号线→正向接触器KM1线圈→2号线→控制回路熔断器FU1→电源L1相。电路接通，接触器KM1线圈获380V电压动作。动合触点KM1闭合自保。主回路中正向接触器KM1三个主触点同时闭合，电动机M绕组获得按L1、L2、L3排列的三相380V交流电源，电动机正向运转。

当按下停止按钮SB1时，动断触点SB1断开，切断正向接触器KM1控制电路，接触器KM1线圈断电释放，接触器KM1的三个主触点断开，电动机断电停止运转。

（2）电动机反向运转

按下反向启动按钮SB3，电源L3相→控制回路熔断器FU2→1号线→停止按钮SB1动断触点→3号线→启动按钮SB3动合触点（按下时闭合中）→7号线→反向接触器KM2线圈

→2号线→控制回路熔断器FU1→电源L1相。电路接通，接触器KM2线圈获380V电压动作。动合触点KM2闭合自保。主回路中反向接触器KM2三个主触点同时闭合，电动机M绕组获得按L3、L2、L1排列的三相380V交流电源，电动机反向运转。

当按下停止按钮SB1时，动断触点SB1断开，切断反向接触器KM2控制电路，接触器KM2线圈断电释放，接触器KM2的三个主触点断开，电动机断电停止运转。

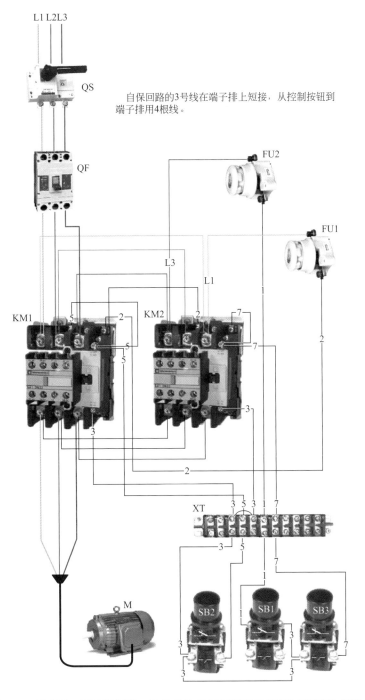

图4-4　无联锁、无过载保护、无信号灯的正反转380V控制电路实物接线图

例 076　过载保护、无联锁、无信号灯的正反转380V控制电路

原理图见图4-5，实物接线图见图4-6。合上控制回路熔断器FU1、FU2，电路具备启停电动机条件。这一电路比前两个电动机控制电路增加了过载保护。电动机过载时，热继电器FR动作，FR的动断触点断开，接触器KM断电释放，KM的三个主触点同时断开，电动机断电停止运转。

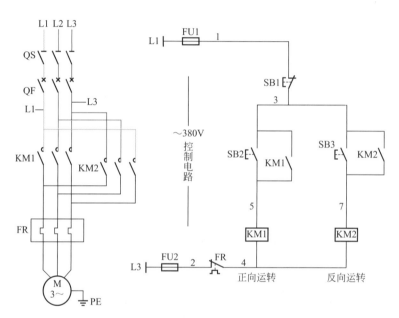

图4-5　过载保护、无联锁、无信号灯的正反转380V控制电路

（1）电动机正向运转

按下正向启动按钮SB2，电源L1相→控制回路熔断器FU1→1号线→停止按钮SB1动断触点→3号线→启动按钮SB2动合触点（按下时闭合中）→5号线→正向接触器KM1线圈→4号线→热继电器FR动断触点→2号线→控制回路熔断器FU2→电源L3相。电路接通，接触器KM1线圈获380V电压动作。动合触点KM1闭合自保。

主回路中正向接触器KM1三个主触点同时闭合，电动机M绕组获得按L1、L2、L3排列的三相380V交流电源，电动机正向运转。

当按下停止按钮SB1时，动断触点SB1断开，切断正向接触器KM1控制电路，接触器KM1线圈断电释放，接触器KM1的三个主触点断开，电动机断电停止运转。

（2）电动机反向运转

按下反向启动按钮SB3，电源L1相→控制回路熔断器FU1→1号线→停止按钮SB1动断触点→3号线→启动按钮SB3动合触点（按下时闭合中）→7号线→反向接触器KM2线圈→4号线→热继电器FR动断触点→2号线→控制回路熔断器FU2→电源L3相。电路接通，接触器KM2线圈获380V电压动作。动合触点KM2闭合自保。主回路中反向接触器KM2三个主触点同时闭合，电动机M绕组获得按L3、L2、L1排列的三相380V交流电源，电动机反向运转。

当按下停止按钮SB1时，其动断触点SB1断开，切断反向接触器KM2控制电路，接触器KM2线圈断电释放，接触器KM2的三个主触点断开，电动机断电停止运转。

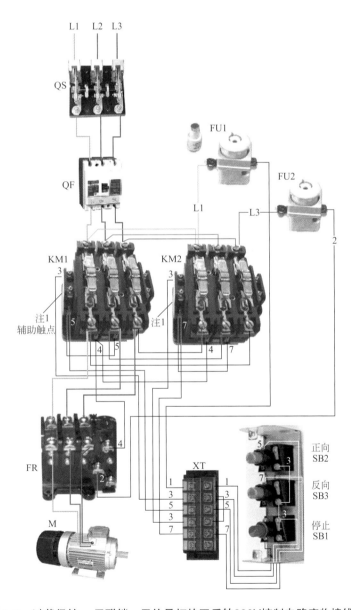

图4-6　过载保护、无联锁、无信号灯的正反转380V控制电路实物接线图

例 077 过载保护、无运转状态信号、双重联锁的220V控制电路

原理图见图4-7，实物接线图见图4-8。合上控制回路熔断器FU，电路具备启停条件。电动机主回路中增加了过载保护（热继电器FR）。电动机过载时，热继电器FR动作，FR的动断触点断开，接触器KM断电释放，KM的三个主触点同时断开，电动机断电停止运转。

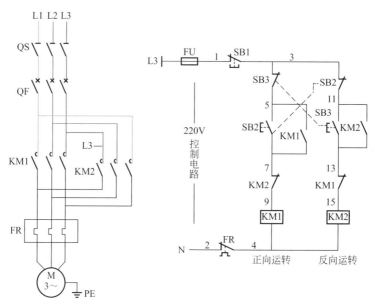

图4-7 过载保护、无运转状态信号、双重联锁的220V控制电路

电路工作原理

（1）电动机正向运转

按下正向启动按钮SB2，电源L3相→控制回路熔断器FU→1号线→停止按钮SB1动断触点→3号线→按钮SB3动断触点→5号线→启动按钮SB2动合触点（按下时闭合中）→7号线→反向接触器KM2动断触点→9号线→正向接触器KM1线圈→4号线→热继电器FR动断触点→2号线→电源N极。电路接通，接触器KM1线圈获220V电压动作。动合触点KM1闭合自保。主回路中正向接触器KM1三个主触点同时闭合，电动机M绕组获得按L1、L2、L3排列的三相380V交流电源，电动机正向运转。

按下停止按钮SB1时，动断触点SB1断开，切断正向接触器KM1控制电路，接触器KM1线圈断电释放，接触器KM1的三个主触点断开，电动机断电停止运转。

（2）电动机反向运转

按下反向启动按钮SB3，电源L3相→控制回路熔断器FU→1号线→停止按钮SB1动断触点→3号线→按钮SB2动断触点→11号线→启动按钮SB3动合触点（按下时闭合中）→13号线→正向接触器KM1动断触点→15号线→反向接触器KM2线圈→4号线→热继电器FR动断触点→2号线→电源N极。电路接通，接触器KM2线圈获220V电压动作。动合触点KM2闭合自保。主回路中反向接触器KM2三个主触点同时闭合，电动机M绕组获得按

L3、L2、L1排列的三相380V交流电源，电动机反向运转。

按下停止按钮SB1时，动断触点SB1断开，切断正向接触器KM2控制电路，接触器KM2线圈断电释放，接触器KM2的三个主触点断开，电动机断电停止运转。

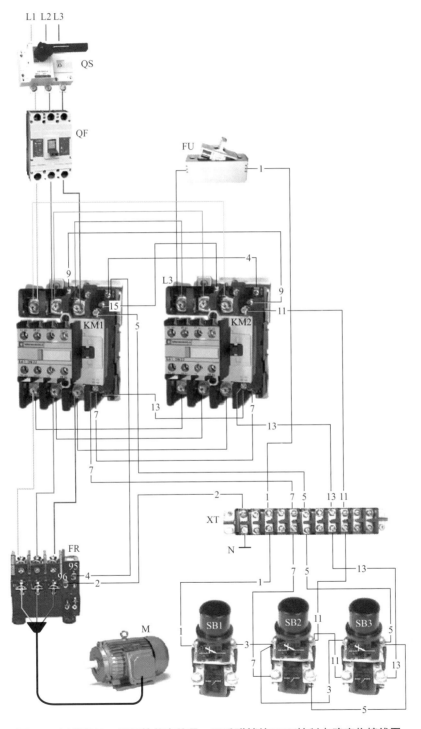

图4-8 过载保护、无运转状态信号、双重联锁的220V控制电路实物接线图

例 **078**

接触器触点联锁、按钮操作的正反转220V控制电路

原理图见图4-9，实物接线图见图4-10。这是一种两台接触器辅助触点相互联锁制约的，没有状态信号的电动机正反转控制电路。接触器（开关）触点联锁相互制约的控制接线，就是把正向接触器KM1的辅助动断触点串入反向接触器线圈KM2控制电路中，把反向接触器KM2的辅助动断触点串入正向接触器KM1线圈控制电路中，采用这样的接线方式称之接触器联锁即开关联锁。

反向接触器KM2线圈获电动作时，串入正向接触器线圈KM1控制电路中的反向接触器KM2的辅助动断触点断开，将正向接触器KM1线圈电路隔离，即使按下正向启动按钮SB2，正向接触器KM1线圈也不能获电动作。

正向接触器KM1线圈获电动作时，串入反向接触器KM2线圈控制电路中的正向接触器KM1的辅助动断触点断开，将反向接触器线圈KM2电路隔离，即使按下反向启动按钮SB3，反向接触器线圈KM2也不能获电动作，达到开关相互制约之目的。

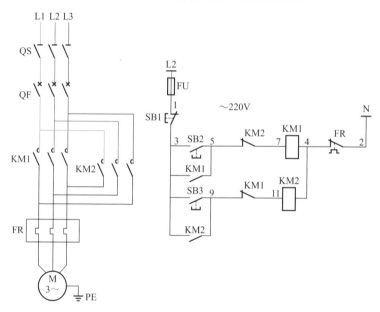

图4-9　接触器触点联锁、按钮操作的正反转220V控制电路

电路工作原理

合上主回路中的隔离开关QS；合上主回路中的断路器QF；合上控制回路中的熔断器FU。电动机具备启停条件。

（1）正向启动运转

按下正向启动按钮SB2，电源L2相→控制回路熔断器FU→1号线→停止按钮SB1动断触点→3号线→启动按钮SB2动合触点（按下时闭合中）→5号线→反向接触器KM2动断触点→7号线→正向接触器KM1线圈→4号线→热继电器FR的动断触点→2号线→电源N极。电路接通，接触器KM1线圈获电动作，接触器KM1动合触点闭合自保，维持接触器KM1的

工作状态。

　　按下停止按钮SB1时，动断触点SB1断开，切断正向接触器KM1控制电路，接触器KM1线圈断电释放，接触器KM1的三个主触点断开，电动机断电停止运转。

　　（2）电动机反向运转

　　按下反向启动按钮SB3，电源L2相→控制回路熔断器FU→1号线→停止按钮SB1动断触点→3号线→启动按钮SB3动合触点（按下时闭合中）→9号线→正向接触器KM1动断触点→11号线→反向接触器KM2线圈→4号线→热继电器FR动断触点→2号线→电源N极。电路接通，接触器KM2线圈获220V电压动作。动合触点KM2闭合自保。主回路中反向接触器KM2三个主触点同时闭合，电动机M绕组获得按L3、L2、L1排列的三相380V交流电源，电动机反向运转。

　　按下停止按钮SB1时，动断触点SB1断开，切断正向接触器KM2控制电路，接触器KM2线圈断电释放，接触器KM2的三个主触点断开，电动机断电停止运转。

　　（3）正常停机

　　① 电动机在正方向或反方向运转中，只要按下停止按钮SB1，切断接触器的电路，接触器断电释放，接触器主触点断开，电动机断电停止运转。

　　② 正方向运转中，按反方向启动按钮SB3动合触点虽然闭合，但由于回路中的接触器KM1动断触点处于断开状态，隔离了反向接触器的控制电路，KM2不会得电。

　　③ 反方向运转中，按正方向启动按钮SB2动合触点虽然闭合，但由于回路中的接触器KM2动断触点处于断开状态，隔离了正向接触器的控制电路，KM1不会得电。

　　（4）电动机过负荷停机

　　当电动机过负荷时，负荷电流达到热继电器FR的整定值，热继电器FR动作，动断触点FR断开，切断接触器KM1或KM2线圈控制电路，接触器断电释放，接触器KM1或KM2的三个主触点同时断开，电动机M绕组脱离三相380V交流电源停止转动，机械设备停止工作。

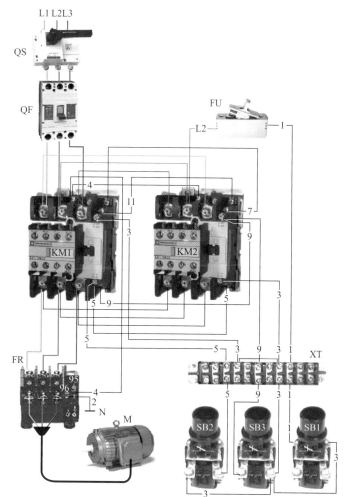

图4-10　接触器触点联锁、按钮操作的正反转220V控制电路实物接线图

例 079　接触器触点联锁的正反转380V控制电路

原理图见图4-11，实物接线图见图4-12。

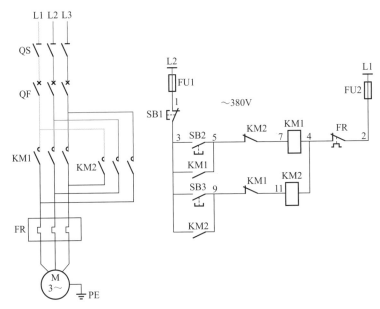

图4-11　接触器触点联锁的正反转380V控制电路

 **电路工作原理**

合上主回路中的隔离开关QS；合上主回路中的断路器QF；合上控制回路中的熔断器FU1、FU2。电动机具备启停条件。

（1）正向启动运转

按下正向启动按钮SB2，电源L2相→控制回路熔断器FU1→1号线→停止按钮SB1动断触点→3号线→启动按钮SB2动合触点（按下时闭合中）→5号线→反向接触器KM2动断触点→7号线→正向接触器KM1线圈→4号线→热继电器FR的动断触点→2号线→控制回路熔断器FU2→电源L1相。电路接通，接触器KM1线圈获380V电压动作。动合触点KM1闭合自保，维持接触器KM1的工作状态，接触器KM1的三个主触点闭合，电动机得电正向运转。

（2）电动机反向运转

按下反向启动按钮SB3，电源L2相→控制回路熔断器FU1→1号线→停止按钮SB1动断触点→3号线→启动按钮SB3动合触点（按下时闭合中）→9号线→正向接触器KM1动断触点→11号线→反向接触器KM2线圈→4号线→热继电器FR动断触点→2号线→控制回路熔断器FU2→电源L1相。电路接通，接触器KM2线圈获380V电压动作。动合触点KM2闭合自保。主回路中反向接触器KM2三个主触点同时闭合，电动机M绕组获得按L3、L2、L1排列的三相380V交流电源，电动机反向运转。

　　按下停止按钮SB1时，动断触点SB1断开，切断正向接触器KM2控制电路，接触器KM2线圈断电释放，接触器KM2的三个主触点断开，电动机断电停止运转。

（3）正常停机

①　电动机在正方向或反方向运转中，只要按下停止按钮SB1，切断接触器的电路，接触器断电释放，接触器主触点断开，电动机断电停止运转。

②　正方向运转中，按反方向启动按钮SB3动合触点虽然闭合，但由于回路中的接触器KM1动断触点处于断开状态，隔离了反向接触器的控制电路，KM2不会得电。

③　反方向运转中，按正方向启动按钮SB2动合触点虽然闭合，但由于回路中的接触器KM2动断触点处于断开状态，隔离了正向接触器的控制电路，KM1不会得电。

（4）过负荷停机

　　当电动机过负荷时，负荷电流达到热继电器FR的整定值，热继电器FR动作，动断触点FR断开，切断接触器KM1或KM2线圈控制电路，接触器断电释放，接触器KM1或KM2的三个主触点同时断开，电动机M绕组脱离三相380V交流电源停止转动，机械设备停止工作。

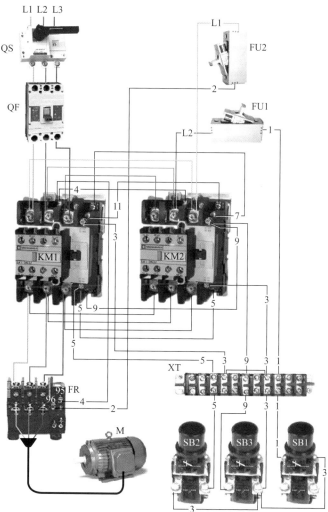

图4-12　接触器触点联锁的正反转380V控制电路实物接线图

例 **080**

按钮触点联锁、没有信号灯的正反转220V控制电路

原理图见图4-13,实物接线图见图4-14。

在电动机正反转控制电路中,正向控制按钮SB2的动断触点与反向接触器KM2线圈相接;反向控制按钮SB3的动断触点与正向接触器KM1线圈相接,采用这种控制方法达到制约对方的接线方式,称之按钮联锁的正反转控制接线。

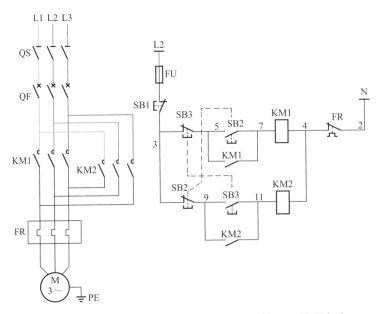

图4-13　按钮触点联锁、没有信号灯的正反转220V控制电路

电路工作原理

(1)电动机正向运转

按下正向启动按钮SB2,串入反向接触器KM2线圈电路中的按钮SB2动断触点先断开,切断反向接触器KM2线圈控制电路,使之不能得电。

按到正向启动按钮SB2的动合触点接通时,电源L2相→控制回路熔断器FU→1号线→停止按钮SB1动断触点→3号线→按钮SB3动断触点→5号线→启动按钮SB2动合触点(按下时闭合)→7号线→正向接触器KM1线圈→4号线→热继电器FR的动断触点→2号线→电源N极。电路接通,接触器KM1线圈获220V的工作电压动作,接触器KM1动合触点闭合自保,维持接触器KM1工作状态。正向接触器KM1三个主触点同时闭合,电动机M绕组获得按L1、L2、L3排列的三相380V交流电源,电动机M正向启动运转。

(2)电动机反向运转

按下反向启动按钮SB3,串入正向接触器KM1线圈电路中的按钮SB3动断触点先断开,切断正向接触器KM1线圈控制电路,使之不能得电。

按到反向启动按钮SB3的动合触点接通,电源L2相→控制回路熔断器FU→1号线→停

止按钮SB1动断触点→3号线→按钮SB2动断触点→9号线→启动按钮SB3动合触点（按下时闭合）→11号线→反向接触器KM2线圈→4号线→热继电器FR动断触点→2号线→电源N极。电路接通，接触器KM2线圈获电动作，接触器KM2动合触点闭合自保，维持接触器KM2工作状态。反向接触器KM2三个主触点同时闭合，电动机M绕组获得按L3、L2、L1排列的三相380V交流电源，电动机M反向启动运转。

（3）正常停机

① 电动机在正方向或反方向运转中，只要按下停止按钮SB1，切断接触器的电路，接触器断电释放，接触器主触点断开，电动机M断电停止运转。

② 正方向运转中，按反方向启动按钮SB3，串入正向接触器KM1电路中的动断触点SB3断开，切断正向接触器KM1的电路，接触器KM1断电释放，正向接触器KM1主触点断开，电动机断电停止正方向运转。

③ 反方向运转中，按正方向启动按钮SB2，切断反向接触器KM2的电路，接触器断电释放主触点断开，电动机断电反向运转停止。

（4）过负荷保护

电动机过负荷时，主回路中的热继电器FR动作，热继电器FR的动断触点断开。

电动机正方向运转，切断接触器KM1线圈电路，接触器KM1线圈断电释放，接触器KM1的三个主触点同时断开，电动机M绕组脱离三相380V交流电源，正方向转动停止，所拖动的机械设备停止工作。

电动机反方向运转，切断接触器KM2线圈电路，接触器KM2线圈断电，接触器KM2释放，接触器KM2的三个主触点同时断开，电动机绕组脱离三相380V交流电源，反方向转动停止，所拖动的机械设备停止工作。

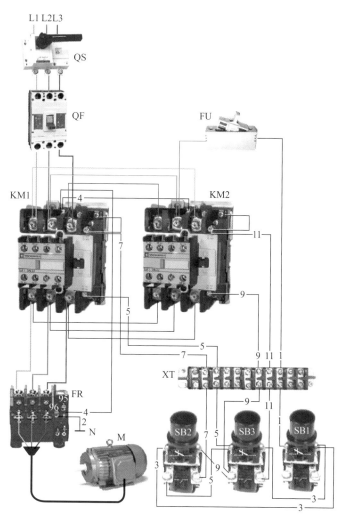

图4-14　按钮触点联锁、没有信号灯的正反转
220V控制电路实物接线图

例 **081** 双重联锁、没有信号灯的正反转220V控制电路

原理图见图4-15，实物接线图见图4-16。

什么是双重联锁？

双重联锁相互制约的正反转控制电路应用非常普遍。在电动机正反转控制电路中，正向控制按钮SB2的动断触点串入反向接触器KM2控制电路中；正向接触器KM1动断触点，串入反向接触器KM2控制电路中。反向控制按钮SB3的动断触点串入正向接触器KM1控制电路中；反向接触器KM2动断触点，串入正向接触器KM1控制电路中。这就是既有按钮的动断触点联锁又有接触器的动断触点互相制约的接线，称之双重联锁的正反转控制接线。

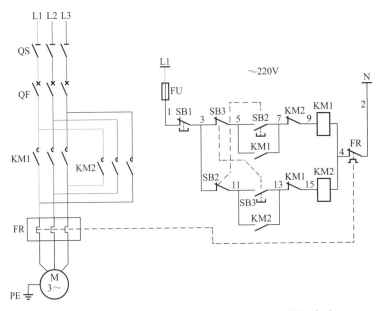

图4-15　双重联锁、没有信号灯的正反转220V控制电路

 **电路工作原理**

（1）电动机正向运转

按下正向启动按钮SB2，电源L1相→控制回路熔断器FU→1号线→停止按钮SB1动断触点→3号线→按钮SB3的动断触点→5号线→正向启动按钮SB2动合触点（按下时闭合）→7号线→反向接触器KM2动断触点→9号线→正向接触器KM1线圈→4号线→热继电器FR的动断触点→2号线→电源N极。电路接通，接触器KM1线圈获得220V电压动作，动合触点KM1闭合自保，维持接触器KM1工作状态。正向接触器KM1三个主触点同时闭合，电动机绕组获得按L1、L2、L3排列的三相380V交流电源，电动机M正向启动运转。

（2）电动机反向运转

按下反向启动按钮SB3，电源L1相→控制回路熔断器FU→1号线→停止按钮SB1动断

触点→3号线→按钮SB2的动断触点→11号线→启动按钮SB3（按下时闭合）→13号线→正向接触器KM1动断触点→15号线→反向接触器KM2线圈→4号线→热继电器FR动断触点→2号线→电源N极。电路接通，接触器KM2线圈获得220V电压动作，动合触点KM2闭合自保，维持接触器KM2工作状态。反向接触器KM2三个主触点同时闭合，电动机M绕组获得按L3、L2、L1排列的三相380V交流电源，电动机M反方向启动运转。

（3）正常停机

① 电动机在正方向或反方向运转中，只要按下停止按钮SB1动断触点断开，切断接触器的电路，接触器断电释放，接触器主触点断开，电动机断电停止运转。

② 正方向运转中，按反方向启动按钮SB3动断触点断开，切断正向接触器的电路，接触器断电释放，正向接触器主触点断开，电动机断电停止正方向运转。

③ 反方向运转中，按正方向启动按钮SB2动断触点断开，切断反向接触器的电路，反向接触器断电释放主触点断开，电动机断电停止反方向运转。

（4）过负荷停机

当电动机过负荷时，负荷电流达到热继电器FR的整定值，热继电器FR动作，动断触点FR断开，切断接触器KM1或KM2线圈控制电路，接触器断电释放，接触器KM1或KM2的三个主触点同时断开，电动机M绕组脱离三相380V交流电源停止转动，机械设备停止工作。

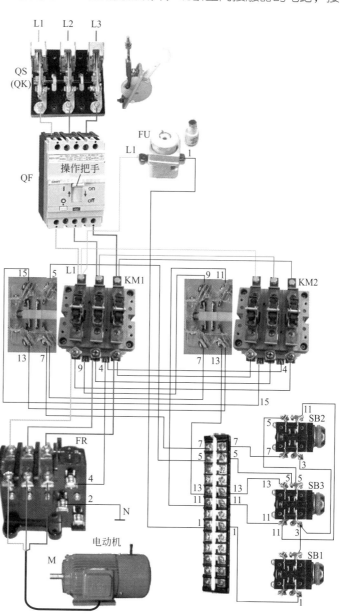

图4-16　双重联锁、没有信号灯的正反转220V控制电路实物接线图

例 082　两个按钮操作、接触器触点联锁的正反转220V控制电路

原理图见图4-17，实物接线图见图4-18。

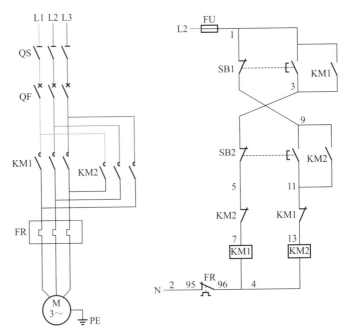

图4-17　两个按钮操作、接触器触点联锁的正反转220V控制电路

电路工作原理

隔离开关QS在合位，断路器QF在合位，控制回路熔断器FU在合位。

（1）电动机正向启动运转

按下正向启动按钮SB1，其动断触点断开，切断反向接触器KM2控制电路。按到SB1的动合触点闭合，电源L2相→控制回路熔断器FU→1号线→启动按钮SB1动合触点（按下时闭合）→3号线→按钮SB2动断触点→5号线→反向接触器KM2动断触点→7号线→正向接触器KM1线圈→4号线→热继电器FR的动断触点→2号线→电源N极。电路接通，接触器KM1线圈获得220V电压动作，动合触点KM1闭合自保，维持接触器KM1工作状态。正向接触器KM1三个主触点同时闭合，电动机绕组获得按L1、L2、L3排列的三相380V交流电源，电动机正向运转。

停机时，只要点动一下按钮SB2，其动断触点断开，接触器KM1线圈断电释放，接触器KM1的三个主触点同时断开，电动机断电停止正方向运转。

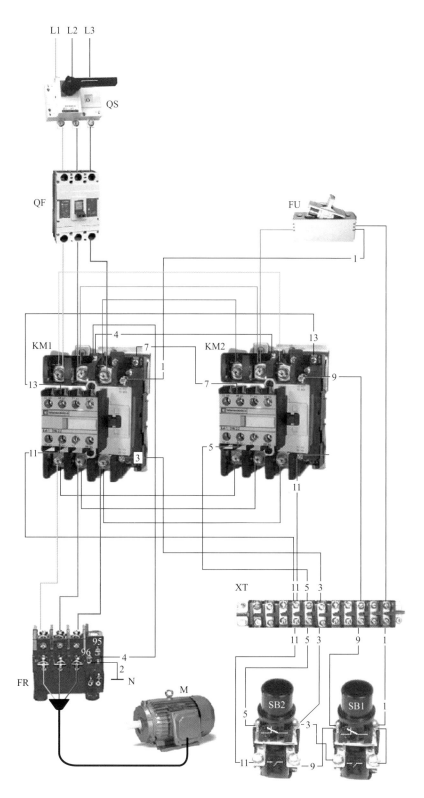

图4-18 两个按钮操作、接触器触点联锁的正反转
220V控制电路实物接线图

（2）电动机反向启动运转

按下反向启动按钮SB2，其动断触点先断开，切断正向接触器KM1线圈电路，按到SB2动合触点闭合，电源L2相→控制回路熔断器FU→1号线→按钮SB1动断触点→9号线→按钮SB2动合触点→11号线→正向接触器KM1动断触点→13号线→反向接触器KM2线圈→4号线→热继电器FR的动断触点→2号线→电源N极。电路接通，接触器KM2线圈获得220V电源动作。反向接触器KM2三个主触点同时闭合，电动机M绕组获得按L3、L2、L1排列的三相380V交流电源，电动机反向运转。

停机时，只要点动一下按钮SB1，其动断触点断开，接触器KM2线圈断电释放，接触器KM2的三个主触点同时断开，电动机M断电停止运转。

（3）电动机从反向运转变正向运转

电动机在反向运转中，要慢按下启动按钮SB1，其动断触点先断开，切断运行的反向接触器KM2线圈电路，电动机反向运转停止。按到SB1的动合触点闭合，电源L2相→控制回路熔断器FU→1号线→启动按钮SB1动合触点（按下时闭合）→3号线→按钮SB2动断触点→5号线→反向接触器KM2动断触点→7号线→正向接触器KM1线圈→4号线→热继电器FR的动断触点→2号线→电源N极。电路接通，接触器KM1线圈获得220V电压动作，动合触点KM1闭合自保，维持接触器KM1工作状态。正向接触器KM1三个主触点同时闭合，电动机绕组获得按L1、L2、L3排列的三相380V交流电源，电动机正向运转。

停机时，只要点动一下按钮SB2，接触器KM1线圈断电释放，接触器KM1的三个主触点同时断开，电动机断电停止正方向运转。

电动机从正向运转变反向运转

电动机在正向运转中，要慢按下启动按钮SB2，其动断触点先断开，切断运行的正向接触器KM1线圈电路，电动机正向运转停止。按到SB2动合触点闭合，电源L2相→控制回路熔断器FU→1号线→按钮SB1动断触点→9号线→按钮SB2动合触点→11号线→正向接触器KM1动断触点→13号线→反向接触器KM2线圈→4号线→热继电器FR的动断触点→2号线→电源N极。电路接通，接触器KM2线圈获得220V电源动作。反向接触器KM2三个主触点同时闭合，电动机M绕组获得按L3、L2、L1排列的三相380V交流电源，电动机反向运转。

停机时，只要点动一下按钮SB1，接触器KM2线圈断电释放，接触器KM2的三个主触点同时断开，电动机M断电停止运转。

（4）过负荷停机

当电动机过负荷时，负荷电流达到热继电器FR的整定值，热继电器FR动作，动断触点FR断开，切断接触器KM1或KM2线圈控制电路，接触器释放，接触器KM1或KM2的三个主触点同时断开，电动机绕组脱离三相380V交流电源停止转动，机械设备停止工作。

例 083 两个按钮操作、接触器触点联锁、有信号灯的正反转380V 控制电路

原理图见图4-19。实物接线图见图4-20。隔离开关QS已在合位，断路器QF在合位，控制回路熔断器FU1、FU2在合位。电源信号灯HL得电，亮灯表示回路送电。

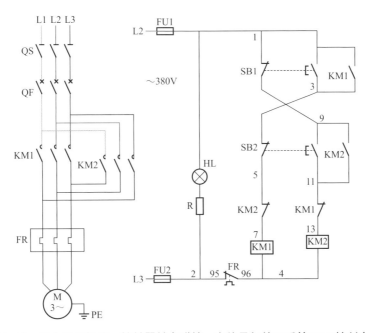

图4-19 两个按钮操作、接触器触点联锁、有信号灯的正反转380V控制电路

（1）电动机正向启动运转

按下正向启动按钮SB1，其动断触点断开，切断反向接触器KM2控制电路。按到SB1的动合触点闭合，电源L2相→控制回路熔断器FU1→1号线→启动按钮SB1动合触点（按下时闭合）→3号线→按钮SB2动断触点→5号线→反向接触器KM2动断触点→7号线→正向接触器KM1线圈→4号线→热继电器FR的动断触点→2号线→控制回路熔断器FU2→电源L3相。电路接通，接触器KM1线圈获得380V电压动作，动合触点KM1闭合自保，维持接触器KM1工作状态。正向接触器KM1三个主触点同时闭合，电动机绕组获得按L1、L2、L3排列的三相380V交流电源，电动机正向运转。

停机时，只要点动一下按钮SB2，其动断触点断开，接触器KM1线圈断电释放，接触器KM1的三个主触点同时断开，电动机断电停止正方向运转。

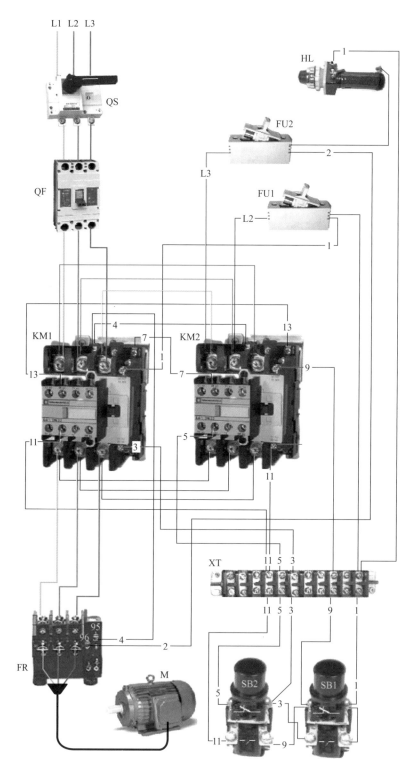

图4-20 两个按钮操作、接触器触点联锁、有信号灯的正反转380V控制电路实物接线图

（2）电动机反向启动运转

按下反向启动按钮SB2，其动断触点先断开，切断正向接触器KM1线圈电路，按到SB2动合触点闭合，电源L2相→控制回路熔断器FU1→1号线→按钮SB1动断触点→9号线→按钮SB2动合触点（按下时闭合）→11号线→正向接触器KM1动断触点→13号线→反向接触器KM2线圈→4号线→热继电器FR的动断触点→2号线→控制回路熔断器FU2→电源L3相。电路接通，接触器KM2线圈获得380V电源动作。反向接触器KM2三个主触点同时闭合，电动机M绕组获得按L3、L2、L1排列的三相380V交流电源，电动机反向运转。

停机时，只要点动一下按钮SB1，其动断触点断开，接触器KM2线圈断电释放，接触器KM2的三个主触点同时断开，电动机M断电停止运转。

（3）电动机从反向运转变正向运转

电动机在反向运转中，要缓慢按下启动按钮SB1，其动断触点先断开，切断运行的反向接触器KM2线圈电路，电动机反向运转停止。按到SB1的动合触点闭合，电源L2相→控制回路熔断器FU1→1号线→启动按钮SB1动合触点（按下时闭合）→3号线→按钮SB2动断触点→5号线→反向接触器KM2动断触点→7号线→正向接触器KM1线圈→4号线→热继电器FR的动断触点→2号线→控制回路熔断器FU2→电源L3相。电路接通，接触器KM1线圈获得380V电压动作，动合触点KM1闭合自保，维持接触器KM1工作状态。正向接触器KM1三个主触点同时闭合，电动机绕组获得按L1、L2、L3排列的三相380V交流电源，电动机正向运转。

停机时，只要点动一下按钮SB2，接触器KM1线圈断电释放，接触器KM1的三个主触点同时断开，电动机断电停止正方向运转。

（4）电动机从正向运转变反向运转

电动机在正向运转中，要缓慢按下启动按钮SB2，其动断触点先断开，切断运行的正向接触器KM1线圈电路，电动机正向运转停止。按到SB2动合触点闭合，电源L2相→控制回路熔断器FU1→1号线→按钮SB1动断触点→9号线→按钮SB2动合触点（按下时闭合）→11号线→正向接触器KM1动断触点→13号线→反向接触器KM2线圈→4号线→热继电器FR的动断触点→2号线→控制回路熔断器FU2→电源L3相。电路接通，接触器KM2线圈获得380V电源动作。反向接触器KM2三个主触点同时闭合，电动机M绕组获得按L3、L2、L1排列的三相380V交流电源，电动机反向运转。

停机时，只要点动一下按钮SB1，接触器KM2线圈断电释放，接触器KM2的三个主触点同时断开，电动机M断电停止运转。

（5）电动机过负荷停机

当电动机过负荷时，负荷电流达到热继电器FR的整定值，热继电器FR动作，动断触点FR断开，切断接触器KM1或KM2线圈控制电路，接触器释放，接触器KM1或KM2的三个主触点同时断开，电动机绕组脱离三相380V交流电源停止转动，机械设备停止工作。

例 **084**

一次保护、按钮联锁、有正反运行信号、过载报警的正反转380V控制电路

原理图见图4-21。实物接线图见图4-22。

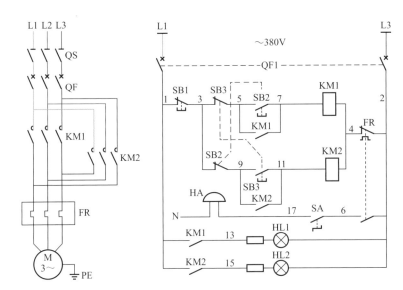

图4-21　一次保护、按钮联锁、有正反运行信号、过载
报警的正反转380V控制电路

 **电路工作原理**

（1）电动机正向运转

按下正向启动按钮SB2，串入反向接触器KM2线圈电路中的按钮SB2动断触点先断开，切断反向接触器KM2线圈控制电路，使之不能得电。按到正向启动按钮SB2的动合触点接通时，电源L1相→控制回路断路器QF1触点→1号线→停止按钮SB1动断触点→3号线→按钮SB3动断触点→5号线→启动按钮SB2动合触点（按下时闭合）→7号线→正向接触器KM1线圈→4号线→热继电器FR的动断触点→2号线→控制回路断路器QF1触点→电源L3相。电路接通，接触器KM1线圈获380V的工作电压动作，接触器KM1动合触点闭合自保，维持接触器KM1工作状态。主电路中，正向接触器KM1三个主触点同时闭合，电动机M绕组获得按L1、L2、L3排列的三相380V交流电源，电动机M正向启动运转。

（2）电动机反向运转

按下反向启动按钮SB3，串入正向接触器KM1线圈电路中的按钮SB3动断触点先断开，切断正向接触器KM1线圈控制电路，使之不能得电。

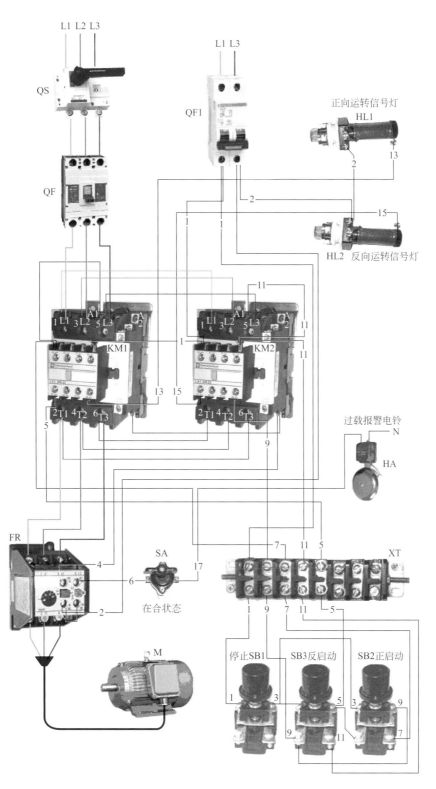

图4-22 一次保护、按钮联锁、有正反运行信号、过载报警
的正反转380V控制电路实物接线图

　　按到反向启动按钮SB3的动合触点接通，电源L1相→控制回路断路器QF1触点→1号线→停止按钮SB1动断触点→3号线→按钮SB2动断触点→9号线→启动按钮SB3动合触点（按下时闭合）→11号线→反向接触器KM2线圈→4号线→热继电器FR动断触点→2号线→控制回路断路器QF1触点→电源L3相。电路接通，接触器KM2线圈获电动作，接触器KM2动合触点闭合自保，维持接触器KM2工作状态。主电路中，反向接触器KM2三个主触点同时闭合，电动机绕组获得按L3、L2、L1排列的三相380V交流电源，电动机反向启动运转。

　　（3）停止电动机运转

　　① 电动机在正方向或反方向运转中，只要按下停止按钮SB1，切断接触器的电路，接触器断电释放，接触器主触点断开，电动机断电停止运转。

　　② 正方向运转中，按反方向启动按钮SB3，串入正向接触器KM1电路中的动断触点SB3断开，切断正向接触器KM1的电路，接触器KM1断电释放，正向接触器KM1主触点断开，电动机断电停止正方向运转。

　　③ 反方向运转中，按正方向启动按钮SB2，串入反向接触器KM2电路中的动断触点SB3断开，切断反向接触器KM2的电路，接触器KM2断电释放，反向接触器KM2主触点断开，电动机断电反向运转停止。

　　（4）电动机过负荷停机

　　当电动机过负荷时，主回路中的热继电器FR动作，热继电器FR的动断触点断开，切断运行中的接触器线圈电路，接触器线圈断电释放，接触器KM1或KM2的三个主触点同时断开，电动机绕组脱离三相380V交流电源停止转动，所拖动的机械设备停止工作。

　　热继电器FR的动合触点闭合，电源L3相→控制回路断路器QF1触点→2号线→闭合的热继电器FR的动合触点→6号线→控制开关SA接通的触点→17号线→电铃HA线圈→电源N极。电铃HA线圈得电，铃响报警。断开控制开关SA，铃响终止。

第5章
具有延时启动的电动机（生产设备）控制电路

在电动机基本控制电路（线路）中增加一只时间继电器，当短时间停电、5s内恢复供电时，用整定的延时断开的动合触点或动断触点启动电动机,满足生产需要。这样的控制电路就称之延时自启动控制电路。

例 085 没有信号灯的延时自启动220V控制电路

原理图见图5-1，实物接线图见图5-2。

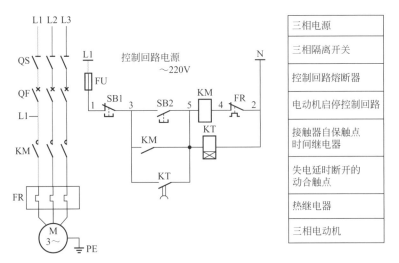

图5-1 没有信号灯的延时自启动220V控制电路

电路工作原理

合上三相隔离开关QS；合上低压断路器QF；合上控制回路熔断器FU。

按下启动按钮SB2，电源L1相→控制回路熔断器FU→1号线→停止按钮SB1动断触点→3号线→启动按钮SB2动合触点（按下时闭合）→5号线→分两路：

① 接触器KM线圈→4号线→热继电器FR的动断触点→2号线→电源N极，构成220V电路。接触器KM线圈获电动作，接触器KM动合触点闭合自保，维持接触器KM工作状态，接触器KM三个主触点同时闭合，电动机绕组获得按L1、L2、L3排列的三相380V交流电源，电动机M启动运转。

② 时间继电器KT线圈→2号线→电源N极，构成220V电路。KT得电动作，动合触点KT闭合，为泵延时自启动作电路准备。

当系统电压波动或瞬间停电时，接触器KM和时间继电器KT失电释放，虽然电动机断电，但仍在惯性运转，时间继电器KT断电后，其动合触点是延时断开的。它是根据电动机惯性运转状态到接近静止状态的时间整定的。这一触点未断开前，电源恢复供电时，闭合中的KT动合触点，相当于启动按钮SB2的作用。

这时，电源L1相→控制回路熔断器FU→1号线→停止按钮SB1动断触点→3号线→仍在闭合中的时间继电器KT动合触点→5号线→接触器KM线圈→4号线→热继电器FR的动断触点→2号线→电源N极。构成220V电路。接触器KM线圈获电动作，接触器KM动合触点闭合自保，维持KM的工作状态，接触器KM三个主触点同时闭合，电动机绕组获得三相380V交流电源，电动机启动运转。

按下停止按钮SB1，其动断触点断开（按下停止按钮SB1的时间，要超过时间继电器KT的整定时间），切断接触器KM线圈控制电路，接触器KM断电释放，KM的三个主触点同时断开，电动机M绕组脱离三相380V交流电源停止转动，所驱动的机械设备停止运行。

当电动机发生过负荷时，主回路中的热继电器FR动作，热继电器FR的动断触点断开，切断接触器KM线圈电路，KM线圈断电并释放，KM主触点三个同时断开，电动机绕组脱离三相380V交流电源停止转动，拖动的机械设备停止工作。

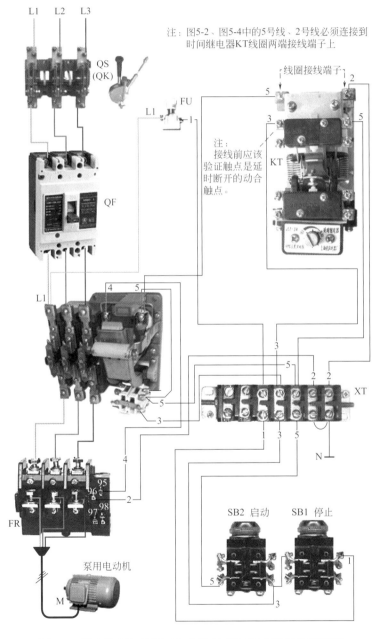

图5-2　没有信号灯的延时自启动220V控制电路实物接线图

例 086

没有信号灯的延时自启动 380V 控制电路

原理图见图5-3，实物接线图见图5-4。

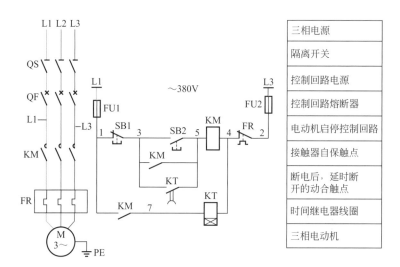

	三相电源
	隔离开关
	控制回路电源
	控制回路熔断器
	电动机启停控制回路
	接触器自保触点
	断电后，延时断开的动合触点
	时间继电器线圈
	三相电动机

图5-3 没有信号灯的延时自启动380V控制电路

 **电路工作原理**

合上三相隔离开关QS；合上低压断路器QF；合上控制回路熔断器FU1、FU2。

按下启动按钮SB2，电源L1 相→控制回路熔断器FU1→1号线→停止按钮SB1动断触点→3号线→启动按钮SB2动合触点（按下时闭合）→5号线→接触器KM线圈→4号线→热继电器FR的动断触点→2号线→控制回路熔断器FU2→电源L3相，构成380V电路。接触器KM线圈获电动作，接触器KM动合触点闭合自保，维持接触器KM工作状态，接触器KM三个主触点同时闭合，电动机绕组获得三相380V交流电源，电动机M启动运转。

接触器KM动合触点闭合，电源L1 相→控制回路熔断器FU1→1号线→闭合的接触器KM动合触点→7号线→时间继电器KT线圈→4号线→热继电器FR动断触点→2号线→控制回路熔断器FU2→电源L3相，构成380V电路。KT线圈得电动作，动合触点KT 闭合，为泵延时自启动作电路准备。

当系统电压波动或瞬间停电时，接触器KM和时间继电器KT失电释放，虽然电动机断电，但仍在惯性运转，时间继电器KT断电后，其动合触点是延时断开的。它是根据电动机惯性运转状态到接近静止状态的时间整定的。这一触点未断开前，电源恢复供电时，闭合中的KT动合触点，相当于启动按钮SB2的作用。

这时，电源L1相→控制回路熔断器FU1→1号线→停止按钮SB1动断触点→3号线→仍在闭合中的时间继电器KT动合触点→5号线→接触器KM线圈→4号线→热继电器FR的动断触点→2号线→控制回路熔断器FU2→电源L3相，构成380V电路。接触器FM线圈获电动作，接触器KM动合触点闭合自保，维持KM的工作状态，接触器KM三个主触点同时闭合，电动机绕组获得三相380V交流电源，电动机启动运转。

按下停止按钮SB1，其动断触点断开（按下停止按钮SB1的时间，要超过时间继电器KT的整定时间），切断接触器KM线圈控制电路，接触器KM断电释放，KM的三个主触点同时断开，电动机M绕组脱离三相380V交流电源停止转动，所驱动的机械设备停止运行。

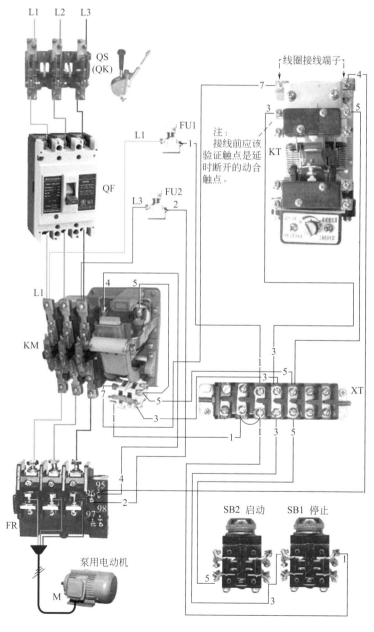

图5-4 没有信号灯的延时自启动380V控制电路实物接线图

例 **087**
加有状态信号的延时自启动380V控制电路

原理图见图5-5，实物接线图见图5-6。与例086比较，图5-5的控制电路中增加了两只信号灯，用来表示机械设备（电动机）所处的工作状态，是停机状态还是开机状态。

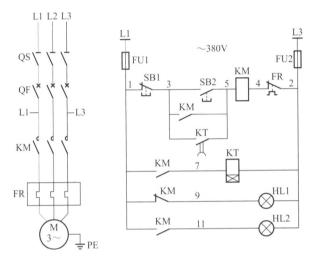

图5-5　加有状态信号的延时自启动380V控制电路

合上三相隔离开关QS；合上低压断路器QF；合上控制回路熔断器FU1、FU2。接触器KM动断触点接通中→9号线→绿色信号灯HL1得电，亮灯表示设备处于备用状态。

按下启动按钮SB2，电源L1相→控制回路熔断器FU1→1号线→停止按钮SB1动断触点→3号线→启动按钮SB2动合触点（按下时闭合）→5号线→接触器KM线圈→4号线→热继电器FR的动断触点→2号线→控制回路熔断器FU2→电源L3相，构成380V电路。接触器KM线圈获电动作，接触器KM动合触点闭合自保，维持接触器KM工作状态，接触器KM三个主触点同时闭合，电动机绕组获得三相380V交流电源，电动机启动运转。

接触器KM动合触点闭合→11号线→红色信号灯HL2得电，亮灯表示设备运转中。

接触器KM动合触点闭合，电源L1相→控制回路熔断器FU1→1号线→闭合的接触器KM动合触点→7号线→时间继电器KT线圈→2号线→控制回路熔断器FU2→电源L3相，构成380V电路。时间继电器KT线圈得电动作，与启动按钮SB2动合触点并联的动合触点KT闭合，为泵延时自启动作电路准备。

当系统电压波动或瞬间停电时，接触器KM和时间继电器KT失电释放，虽然电动机断电，但仍在惯性运转，时间继电器KT断电后，其动合触点是延时断开的。它是根据电动机惯性运转状态到接近静止状态的时间整定的。这一触点未断开前，电源恢复供电时，闭合中的KT动合触点，相当于启动按钮SB2的作用，这时，电源L1相→控制回路熔断器FU1→1号线→停止按钮SB1动断触点→3号线→仍在闭合中的时间继电器KT动合触点→5号线→接触器KM线圈→4号线→热继电器FR的动断触点→2号线→控制回路熔断器FU2→电源L3相，构成380V电路。接触器KM线圈获电动作，接触器KM动合触点闭合自保，维持KM的工作状态，接触器KM三个主触点同时闭合，电动机绕组获得三相380V交流电源，电动机启动运转。

按下停止按钮SB1，其动断触点断开，（按下停止按钮SB1的时间，要超过时间继电器KT的整定时间），切断接触器KM线圈控制电路，接触器KM断电释放，KM的三个主触点同时断开，电动机M绕组脱离三相380V交流电源停止转动，所驱动的机械设备停止运行。

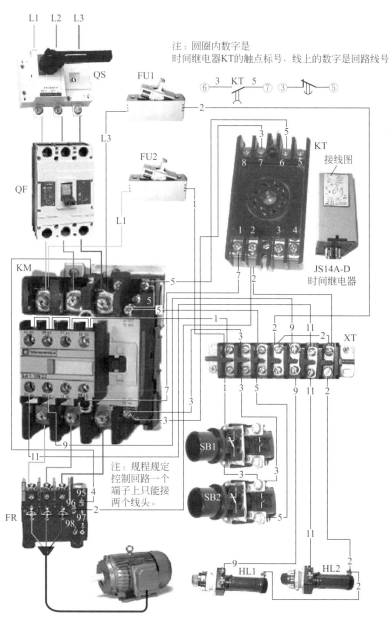

图5-6　加有状态信号的延时自启动380V控制电路实物接线图

例 088　可选择是否延时自启动的220V控制电路

原理图见图5-7，实物接线图见图5-8。

为了达到能够控制延时自启和立即停机之目的，时间继电器KT线圈前面，增加了一只控制开关SA。回路送电前，必须检查控制开关SA在断开位置，方可进行回路送电的操作，其送电操作顺序：合上三相隔离开关QS；合上低压断路器QF；合上控制回路熔断器FU。

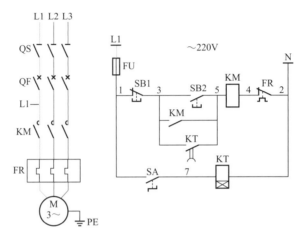

图5-7　可选择是否延时自启动的220V控制电路

电路工作原理

按下启动按钮SB2，电源L1相→控制回路熔断器FU→1号线→停止按钮SB1动断触点→3号线→启动按钮SB2动合触点（按下时闭合）→5号线→接触器KM线圈→4号线→热继电器FR的动断触点→2号线→电源N极，构成220V电路。接触器KM线圈获电动作，接触器KM动合触点闭合自保，维持接触器KM工作状态，接触器KM三个主触点同时闭合，电动机绕组获得按L1、L2、L3排列的三相380V交流电源，电动机M启动运转。

电动机正常运转后，合上自启动控制开关SA，时间继电器KT得电动作。动合触点KT闭合，为泵延时自启作电路准备。

当系统瞬间停电时，接触器KM和时间继电器KT失电释放，虽然电动机断电，但仍在惯性运转，时间继电器KT断电后，其动合触点是延时断开的。触点未断开前，电源恢复供电时，闭合中的KT动合触点，相当于启动按钮SB2的作用。

这时，电源L1相→控制回路熔断器FU→1号线→停止按钮SB1动断触点→3号线→仍在闭合中的时间继电器KT动合触点→5号线→接触器KM线圈→4号线→热继电器FR的动断触点→2号线→电源N极，构成220V电路。接触器KM线圈获电动作，接触器KM动合触点闭合自保，维持KM的工作状态。接触器KM三个主触点同时闭合，电动机得电启动运转。

正常停机：

① 不断开控制开关SA，将会出现下面现象：按下停止按钮SB1，其动断触点断开，切断接触器KM线圈控制电路，接触器KM断电释放，三个主触点同时断开，电动机M绕组脱

离三相380V交流电源停止转动,所驱动的机械设备停止运行。由于SA未断开,时间继电器KT线圈工作中,动合触点KT仍然处于闭合中,当手离开停止按钮SB1后,其动断触点复位,闭合中的动合触点KT使接触器KM得电吸合,KM的三个主触点闭合,电动机又启动运转。

②停机前先断开控制开关SA。10s后按一下停止按钮SB1,其动断触点断开,切断接触器KM线圈控制电路,接触器KM立即断电释放,三个主触点同时断开,电动机M绕组脱离三相380V交流电源停止转动,所驱动的机械设备停止运行。

电动机过负荷停机:

当电动机过负荷时,主电路中的热继电器FR动作,动断触点FR断开,切断接触器KM线圈电路,KM断电释放,KM的三个主触点同时断开,电动机断电停止转动,机械设备停止工作。在以下电动机控制电路中过负荷停机省略。

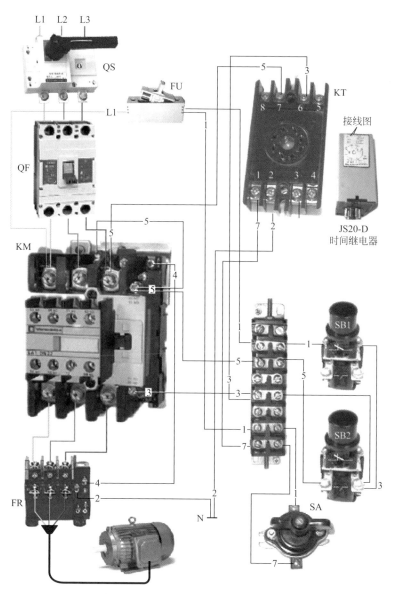

图5-8 可选择是否延时自启动的220V控制电路实物接线图

控制开关与延时断开的动合触点串联的自启动380V控制电路

原理图见图5-9，实物接线图见图5-10。

回路送电前，必须检查控制开关SA在断开位置，方可进行回路送电的操作，其送电操作顺序：合上三相隔离开关QS；合上低压断路器QF；合上控制回路熔断器FU1、FU2。

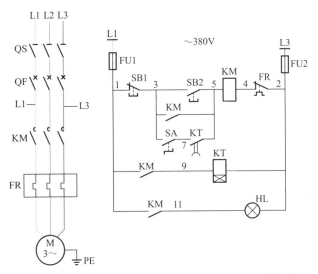

图5-9　控制开关与延时断开的动合触点串联的自启动380V控制电路

电路工作原理

按下启动按钮SB2，电源L1相→控制回路熔断器FU1→1号线→停止按钮SB1动断触点→3号线→启动按钮SB2动合触点（按下时闭合）→5号线→接触器KM线圈→4号线→热继电器FR的动断触点→2号线→控制回路熔断器FU2→电源L3相，构成380V电路。接触器KM线圈获电动作，接触器KM动合触点闭合自保，维持接触器KM工作状态，接触器KM三个主触点同时闭合，电动机绕组获得按L1、L2、L3排列的三相380V交流电源，电动机M启动运转。

接触器KM动合触点闭合→9号线→时间继电器KT得电动作。动合触点KT闭合，电动机正常运转后，合上自启动控制开关SA，为泵延时自启动作电路准备。

当系统瞬间停电时，接触器KM和时间继电器KT失电释放，虽然电动机断电，但仍在惯性运转，时间继电器KT断电后，其动合触点是延时断开的。触点未断开前，电源恢复供电时，闭合中的KT动合触点，相当于启动按钮SB2的作用。

这时，电源L1相→控制回路熔断器FU1→1号线→停止按钮SB1动断触点→3号线→控制开关SA接通的触点→7号线→仍在闭合中的时间继电器KT动合触点→5号线→接触器KM线圈→4号线→热继电器FR的动断触点→2号线→控制回路熔断器FU2→电源L3相，构成380V电路。接触器KM线圈获电动作，接触器KM动合触点闭合自保，维持KM的工作状态，接触器KM三个主触点同时闭合，电动机得电启动运转。

接触器KM动合触点闭合→11号线→红色信号灯HL得电，亮灯表示设备运转中。

正常停机有两种方法：

① 不断开控制开关SA。按下停止按钮SB1动断触点断开，（按下停止按钮SB1的时间，要超过时间继电器KT的整定时间），切断接触器KM线圈控制电路，接触器KM断电释放，三个主触点同时断开，电动机M绕组脱离三相380V交流电源停止转动，所驱动的机械设备停止运行。

② 停机提前断开控制开关SA，实现即时停机。按下停止按钮SB1动断触点断开，切断接触器KM线圈控制电路，接触器KM断电释放，三个主触点同时断开，电动机M绕组脱离三相380V交流电源停止转动，所驱动的机械设备停止运行。

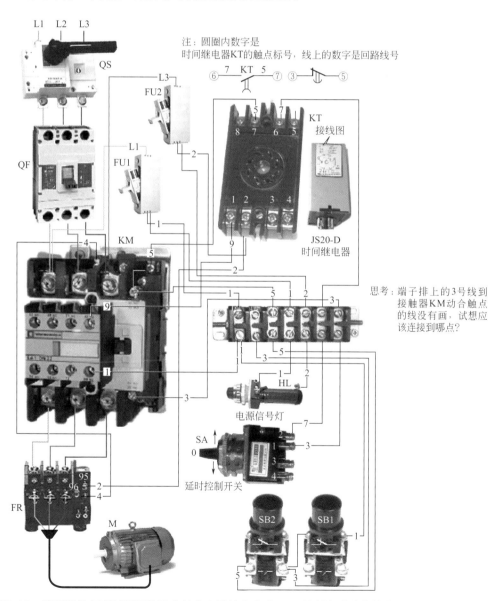

图5-10 控制开关与延时断开的动合触点串联的自启动380V控制电路实物接线图

例 **090** 控制开关与延时动断触点串联的自启动 380V 控制电路

原理图见图 5-11。实物接线图见图 5-12。

回路送电前，必须检查控制开关 SA 在断开位置，方可进行回路送电的操作，其送电操作顺序：合上三相隔离开关 QK；合上低压断路器 QF；合上控制回路熔断器 FU1、FU2。信号灯 HL 得电，灯亮表示电动机回路处于热备用状态。

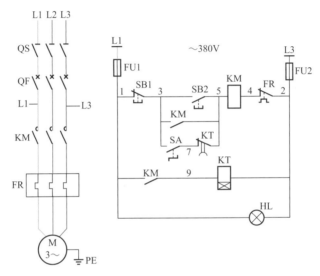

图5-11　控制开关与延时动断触点串联的自启动380V控制电路

电路工作原理

按下启动按钮 SB2，电源 L1 相→控制回路熔断器 FU1→1 号线→停止按钮 SB1 动断触点→3 号线→启动按钮 SB2 动合触点（按下时闭合）→5 号线→接触器 KM 线圈→4 号线→热继电器 FR 的动断触点→2 号线→控制回路熔断器 FU2→电源 L3 相，构成 380V 电路。

接触器 KM 线圈获电动作，接触器 KM 动合触点闭合自保，维持接触器 KM 工作状态，接触器 KM 三个主触点同时闭合，电动机绕组获得按 L1、L2、L3 排列的三相 380V 交流电源，电动机 M 启动运转。

接触器 KM 动合触点闭合→9 号线→时间继电器 KT 得电动作。动断触点 KT 延时断开，电动机正常运转后，合上自启动控制开关 SA，为泵延时自启动作电路准备。

当系统瞬间停电时，接触器 KM 和时间继电器 KT 失电释放，虽然电动机断电，但仍在惯性运转，时间继电器 KT 断电后，其动断触点立即复位，触点接通状态。电源恢复供电时，闭合中的 KT 动断触点，相当于启动按钮 SB2 的作用。

这时，电源 L1 相→控制回路熔断器 FU1→1 号线→停止按钮 SB1 动断触点→3 号线→控制开关 SA 触点→7 号线→仍在闭合中的时间继电器 KT 动断触点→5 号线→接触器 KM 线圈→4 号线→热继电器 FR 的动断触点→2 号线→控制回路熔断器 FU2→电源 L3 相，构成

380V电路。接触器KM线圈获电动作，接触器KM动合触点闭合自保，维持KM的工作状态，接触器KM三个主触点同时闭合，电动机得电启动运转。电动机运转后，KT动断触点断开。

　　停机前先断开控制开关SA时。按下停止按钮SB1，其动断触点断开，切断接触器KM线圈控制电路，接触器KM断电释放，三个主触点同时断开，电动机M绕组脱离三相380V交流电源停止转动，所驱动的机械设备停止运行。

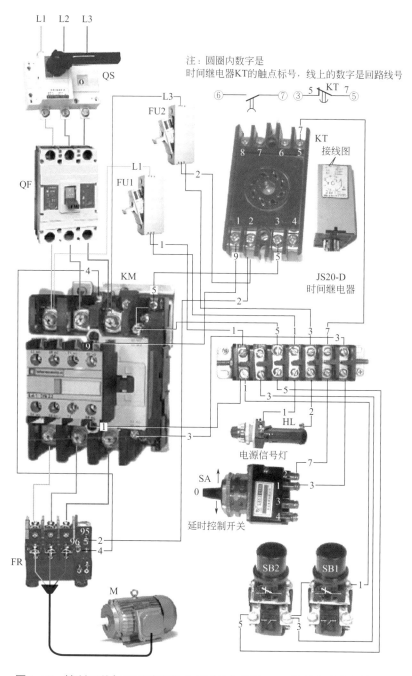

图5-12　控制开关与延时动断触点串联的自启动380V控制电路实物接线图

例 **091**

控制开关与KT动合触点串联、有状态信号、延时自启动 380V控制电路

原理图见图5-13，实物接线图见图5-14。检查控制开关SA处于断开位置后，合上控制熔断器FU1、FU2，时间继电器KT得电动作，瞬时闭合、断电延时闭合的KT动合触点闭合，为瞬间停电、5s时间来电时电动机自启动做准备。

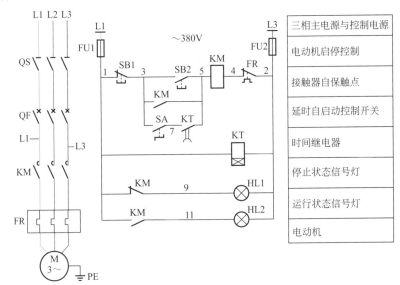

图5-13　控制开关与KT动合触点串联、有状态信号、延时自启动380V控制电路

 **电路工作原理**

按下启动按钮SB2，电源L1 相→控制回路熔断器FU1→1号线→停止按钮SB1动断触点→3号线→启动按钮SB2动合触点（按下时闭合）→5号线→接触器KM线圈→4号线→热继电器FR的动断触点→2号线→控制回路熔断器FU2→电源L3相，构成380V电路。接触器KM线圈获电动作，接触器KM动合触点闭合自保，维持接触器KM工作状态，接触器KM三个主触点同时闭合，电动机绕组获得按L1、L2、L3排列的三相380V交流电源，电动机M启动运转。

电动机正常运转后，合上自启控制开关SA，为泵延时自启动作电路准备。

当系统瞬间停电时，接触器KM和时间继电器KT失电释放，虽然电动机断电，但仍在惯性运转，时间继电器KT断电后，其动合触点是延时断开。触点未断开前，电源恢复供电时，闭合中的KT动合触点，相当于启动按钮SB2的作用。

这时，电源L1 相→控制回路熔断器FU1→1号线→停止按钮SB1动断触点→3号线→控制开关SA接通的触点→7号线→仍在闭合中的时间继电器KT 动合触点→5号线→接触器KM线圈→4号线→热继电器FR的动断触点→2号线→控制回路熔断器FU2→电源L3相，构成380V电路。接触器KM线圈获电动作，接触器KM动合触点闭合自保，维持KM的工作状态，接触器KM三个主触点同时闭合，电动机得电启动运转。

接触器KM动合触点闭合→11号线→红色信号灯HL2得电，亮灯表示设备运转中。

正常停机的操作方法：

① 不断开控制开关SA。按下停止按钮SB1，其动断触点断开，接触器KM线圈断电铁芯释放，接触器的三个主触点同时断开，电动机断电停止运转，由于时间继电器KT线圈铁芯仍然在吸合状态，动合触点KT在闭合状态，当手离开停止按钮SB1，其动断触点复位（SB1接通状态），通过闭合中的KT断电时5s延时的动合触点，接触器KM线圈得电动作，三个主触点同时闭合，电动机得电运转。

② 停机前先断开控制开关SA。按下停止按钮SB1动断触点断开，切断接触器KM线圈控制电路，接触器KM断电释放，三个主触点同时断开，电动机M绕组脱离三相380V交流电源停止转动，所驱动的机械设备停止运行。

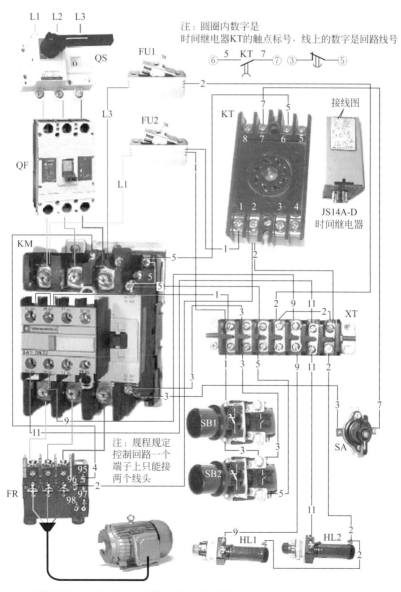

图5-14 控制开关与KT动合触点串联、有状态信号、延时自启动380V控制电路实物接线图

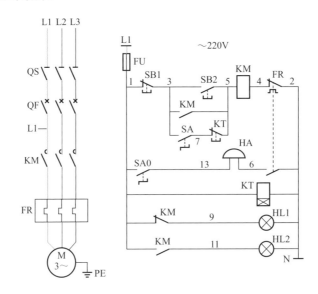

例 092 有过载报警信号、动断触点延时启动电动机的220V控制电路

原理图见图5-15，实物接线图见图5-16。采取控制开关与延时动断触点串联的接线方式，通过控制开关SA的接通与断开，实现延时可选的工作方式。

检查控制开关SA处于断开位置，合上控制熔断器FU时，时间继电器KT线圈电路接通，动断触点KT延时断开。

图5-15 有过载报警信号、动断触点延时启动电动机的220V控制电路

 **电路工作原理**

按下启动按钮SB2，电源L1相→控制回路熔断器FU→1号线→停止按钮SB1动断触点→3号线→启动按钮SB2动合触点（按下时闭合）→5号线→接触器KM线圈→4号线→热继电器FR的动断触点→2号线→电源N极，构成220V电路。接触器KM线圈获电动作，接触器KM动合触点闭合自保，维持接触器KM工作状态，接触器KM三个主触点同时闭合，电动机绕组获得按L1、L2、L3排列的三相380V交流电源，电动机M启动运转。

时间继电器KT得电动作时，动断触点KT延时5s断开，电动机正常运转后，合上自启控制开关SA，为泵延时自启动作电路准备。

当系统瞬间停电时，接触器KM和时间继电器KT失电释放，虽然电动机断电，但仍在惯性运转，时间继电器KT断电后，其动断触点立即复位，触点接通状态，来电时延时断开。电源恢复供电时，闭合中的KT动断触点，相当于启动按钮SB2的作用。

这时，电源L1相→控制回路熔断器FU→1号线→停止按钮SB1动断触点→3号线→控制开关SA接通的触点→7号线→仍在闭合中的时间继电器KT动断触点→5号线→接触器KM线圈→4号线→热继电器FR的动断触点→2号线→电源N极，构成220V电路。接触器KM线圈获电动作，接触器KM动合触点闭合自保，维持KM的工作状态。接触器KM三

个主触点同时闭合,电动机绕组获得三相380V交流电源,电动机启动运转。停机前,提前10s首先断开控制开关SA,然后,按下停止按钮SB1,其动断触点断开,切断接触器KM线圈控制电路,接触器KM断电释放,KM的三个主触点同时断开,电动机M绕组脱离三相380V交流电源立即停止转动,所驱动的机械设备停止运行。

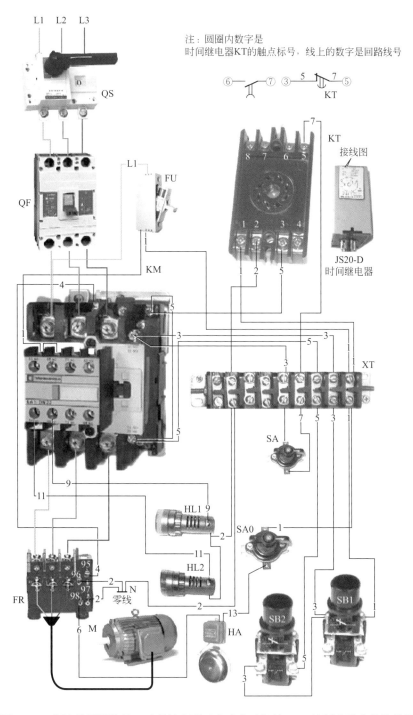

图5-16 有过载报警信号、动断触点延时启动电动机的220V控制电路实物接线图

第6章

供排循环水泵电动机控制电路

行程开关直接启停的排水泵220V控制电路

原理图见图6-1，实物接线图见图6-2。用于锅炉冷凝水回收泵或变电所电缆沟防洪井抽水泵等。

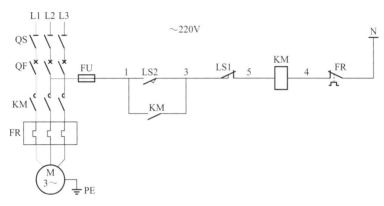

图6-1 行程开关直接启停的排水泵220V控制电路

电路工作原理

合上三相隔离开关QS；合上主回路断路器QF；合上控制回路熔断器FU。电动机具备启停条件。

水泵自动运转：当水位上升到规定位置时，浮筒撞板顶上行程开关LS2时，动合触点LS2闭合，电源L1相→控制回路熔断器FU→1号线→闭合的行程开关LS2动合触点→3号线→行程开关LS1动断触点→5号线→接触器KM线圈→4号线→热继电器FR的动断触点→2号线→电源N极。接触器KM线圈得到交流220V的工作电压动作，接触器KM动合触点闭合（将行程开关LS2动合触点短接）自保，维持接触器KM的工作状态。接触器KM三个主触点同时闭合，电动机M绕组获得按L1、L2、L3相序排列的三相380V交流电源，电动机M启动运转，所驱动的机械设备水泵投入排水工作。当水位下降时，浮筒撞板随之下落。

电路自保原理：水位开始回落，虽然浮筒上的撞板下落，离开行程开关LS2时，动合触点LS2断开，但由于接触器KM动合触点的闭合，电源L1相→控制回路熔断器FU→1号线→闭合的接触器KM动合触点→3号线→行程开关LS1动断触点→5号线→接触器KM线圈→4号线→热继电器FR的动断触点→2号线→电源N极，构成220V电路，维持了接触器KM控制电路接通，实现自保。

当水位下降到规定位置，浮筒撞板下落，碰上行程开关LS1，其动断触点断开，接触器KM电路断电释放，接触器KM主回路中的三个触点同时断开，电动机M脱离电源停止运转，水泵停止工作。

水泵运转中，浮筒撞板在启动与停止之间的位置，要停下水泵，是比较困难的，用手碰行程开关LS1的拐臂，其动断触点断开，或取下控制熔断器FU，切断控制电路，接触器KM断电释放，三个主触点同时断开，电动机M断电停止运转，水泵停止抽水。

　　电动机过负荷时，主回路中的热继电器FR动作，热继电器FR的动合触点断开，切断接触器KM线圈控制电路，接触器KM断电释放，三个主触点同时断开，电动机M绕组脱离三相380V交流电源停止转动，所拖动的机械设备停止工作。

排水泵工作程序

　　水位上升到规定位置→行程开关LS2动合触点接通→电动机运转泵工作→水位降低到规定位置→行程开关LS1动断触点断开→电动机停止运转泵停止工作→水位上升到规定位置→行程开关LS2动合触点接通→电动机运转泵工作→水位降低到规定位置→行程开关LS1动断触点断开→电动机停止运转泵停止工作。依靠行程开关触点的接通断开来启停电动机，实现泵的循环工作方式。

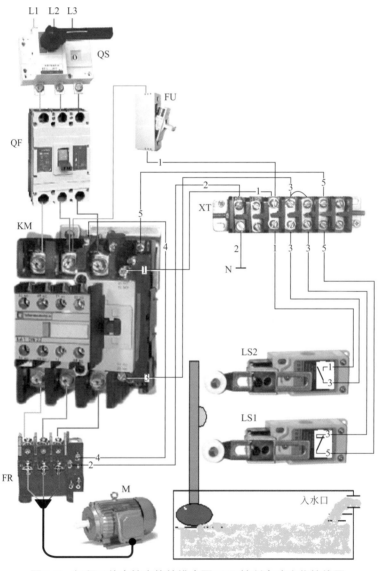

图6-2　行程开关直接启停的排水泵220V控制电路实物接线图

例 094 行程开关直接启停、有电源信号灯的排水泵220V控制电路

通过井（水罐容器）内的浮筒上升与下降（至规定位置时），而使行程开关动作控制水泵的启动与停止。这是最简单的控制方法，水位高排水还是水位低补水，取决于实际需要，控制电路接线方式是根据现场情况设计的。

采用行程开关控制水泵的启动与停止的控制电路，原理图见图6-3，实物接线图见图6-4。用于锅炉冷凝水回收泵或变电所电缆沟防洪井抽水泵等。

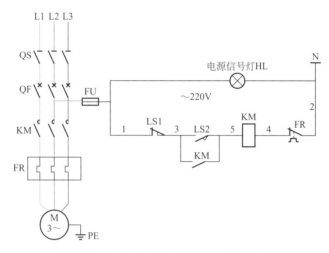

图6-3　行程开关直接启停、有电源信号灯的排水泵220V控制电路

电路工作原理

合上三相隔离开关QS；合上主回路断路器QF；合上控制回路熔断器FU；电源信号灯HL亮灯表示回路送电。

水泵自动运转：当水位上升到规定位置时，浮筒撞板顶上行程开关LS2时，动合触点LS2闭合，电源L1相→控制回路熔断器FU→1号线→行程开关LS1动断触点→3号线→闭合的行程开关LS2动合触点→5号线→接触器KM线圈→4号线→热继电器FR的动断触点→2号线→电源N极，接触器KM线圈得到交流220V的工作电压动作，接触器KM动合触点闭合（将行程开关LS2动合触点短接）自保，维持接触器KM的工作状态。接触器KM三个主触点同时闭合，电动机M绕组获得按L1、L2、L3相序排列的三相380V交流电源，电动机运转，所驱动的机械设备水泵投入工作。当水位下降时，浮筒撞板随之下落。

电路自保原理：水位开始回落，虽然浮筒上的撞板下落，离开行程开关LS2时，动合触点LS2断开，但由于接触器KM动合触点的闭合，电源L1相→控制回路熔断器FU→1号线→行程开关LS1动断触点→3号线→闭合的接触器KM动合触点（将行程开关LS2动合触点短接）→5号线→接触器KM线圈→4号线→热继电器FR的动断触点→2号线→电源N极，构成220V电路，维持了接触器KM控制电路接通，实现自保。

当水位下降到规定位置，浮筒撞板下落，碰上行程开关LS1，其动断触点断开，接触器KM电路断电释放，接触器KM主回路中的三个触点同时断开，电动机M脱离电源停止运转，水泵停止工作。

水泵运转中，浮筒撞板在启动与停止之间的位置，要停下水泵，用手碰行程开关LS1的拐臂，其动断触点断开，或取下控制熔断器FU，切断控制电路，接触器KM断电释放，三个主触点同时断开，电动机M断电停止运转，水泵停止抽水。

电动机过负荷时，主回路中的热继电器FR动作，热继电器FR的动合触点断开，切断接触器KM线圈控制电路，接触器KM断电释放，三个主触点同时断开，电动机M绕组脱离三相380V交流电源停止转动，所拖动的机械设备停止工作。

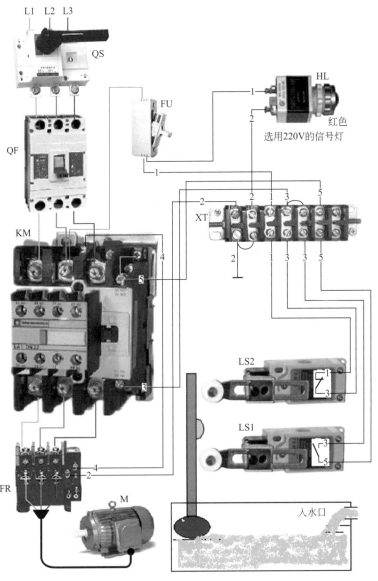

图6-4 行程开关直接启停、有电源信号灯的排水泵220V控制电路实物接线图

例 **095** 行程开关直接启停的楼顶储水罐上水泵电动机380V控制电路

原理图见图6-5，实物接线图见图6-6。图6-5的控制电路工作电压是380V，比图6-3 220V控制电路多用一只熔断器FU2，多用了一只控制开关SA，控制电源来自主电路中的L1相、L3相。

上水泵工作程序

水位降低到规定位置→行程开关LS2动合触点接通→电动机运转泵工作→水位上升到规定位置→行程开关LS1动断触点断开→电动机停止运转泵停止工作→水位降低到规定位置→行程开关LS2动合触点接通→电动机运转泵工作→水位上升到规定位置→行程开关LS1动断触点断开→电动机停止运转泵停止工作。依靠行程开关触点的接通断开来启停电动机，实现泵的循环工作方式。

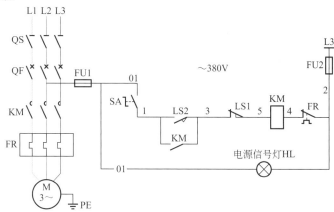

图6-5 行程开关直接启停的楼顶储水罐上水泵电动机380V控制电路

 **电路工作原理**

合上三相隔离开关QS；合上主回路断路器QF；合上控制回路熔断器FU1、FU2，合上控制开关SA，电源信号灯HL得电亮灯，水泵具备启动条件。

水泵自动运转：控制开关SA触点接通位置。当储水罐水位下落到规定位置时，浮筒撞板顶上行程开关LS2时，动合触点LS2闭合，电源L1相→控制回路熔断器FU1→01号线→控制开关SA触点→1号线→行程开关LS2动合触点→3号线→行程开关LS1动断触点→5号线→接触器KM线圈→4号线→热继电器FR的动断触点→2号线→控制回路熔断器FU2→电源L3相。

接触器KM线圈得到交流380V的工作电压动作，接触器KM动合触点闭合（将行程开关LS2动合触点短接）自保，维持接触器KM的工作状态。接触器KM三个主触点同时闭合，电动机M绕组获得按L1、L2、L3相序排列的三相380V交流电源，电动机M启动运转，驱动水泵工作。当水位开始上升时，浮筒撞板随之上升。

电路自保原理：水位开始上升，虽然浮筒上的撞板上升，离开行程开关LS2时，动合触点LS2断开，但由于接触器KM动合触点的闭合，电源L1相→控制回路熔断器FU1→01号线→控制开关SA触点→1号线→闭合的接触器KM动合触点（将行程开关LS2动合触点短接）→3号线→行程开关LS1动断触点→5号线→接触器KM线圈→4号线→热继电器FR的动断触点→2号线→控制回路熔断器FU2→电源L3相。构成380V电路，维持了接触器KM控制电路的接通，实现自保。

当水位上升到规定位置，浮筒撞板碰上行程开关LS1，其动断触点断开，接触器KM电路断电释放，接触器KM主回路中的三个触点同时断开，电动机脱离电源停止运转，水泵停止工作。

水泵运转中，浮筒撞板处在启动与停止之间的位置，要停下水泵，可断开控制开关SA（触点断开），切断控制电路，接触器KM断电释放，三个主触点同时断开，电动机M断电停止运转，水泵停止上水。

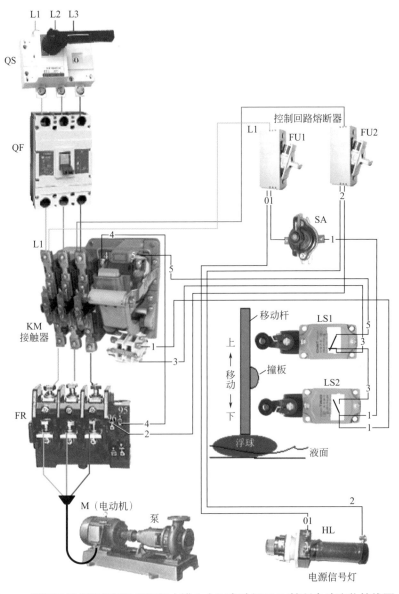

图6-6　行程开关直接启停的楼顶储水罐上水泵电动机380V控制电路实物接线图

例 **096** 有启动预告信号自复的行程开关直接启停的上水泵控制电路

原理图见图6-7，实物接线图见图6-8。

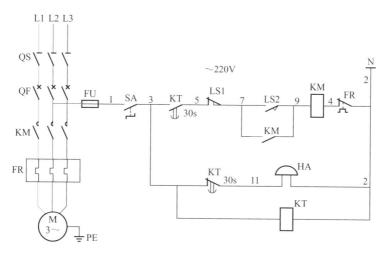

图6-7 有启动预告信号自复的行程开关直接启停的上水泵控制电路

电路工作原理

回路送电后，在启动电动机前，合上控制开关SA，3号线分3路：

① → 时间继电器KT动合触点，断开位置。

② → 时间继电器KT延时断开的动断触点→11号线→电铃HA线圈→2号线→电源N极。电铃HA得电铃响，通知电动机即将启动。

③ → 时间继电器KT线圈→2号线→电源N极。时间继电器KT得电工作，开始计时。30s时间到，电铃HA线圈电路中的KT动断触点断开，电铃HA断电，铃响终止。电动机启停电路中的KT延时触点闭合，为行程开关启停电动机做好电路准备。

运动器件接触行程开关LS2时，动合触点LS2闭合，电源L1相→控制回路熔断器FU→1号线→控制开关SA触点→3号线→时间继电器KT闭合的触点→5号线→行程开关LS1动断触点→7号线→行程开关LS2动合触点→9号线→接触器KM线圈→4号线→热继电器FR的动断触点→2号线→电源N极。

接触器KM线圈获得220V电压动作，动合触点KM闭合自保，维持接触器KM的工作状态，接触器KM三个主触点同时闭合，电动机绕组获三相380V交流电源，电动机运转，所驱动的机械设备工作。

当运动器件碰上行程开关LS1动断触点断开，接触器KM电路断电释放，接触器KM主回路中的三个触点同时断开，电动机脱离电源停止运转，水泵停止工作。

过负荷时，热继电器FR动作，FR的动断触点切断接触器KM控制电路，接触器KM断电释放，三个主触点同时断开，电动机M断电停止运转。

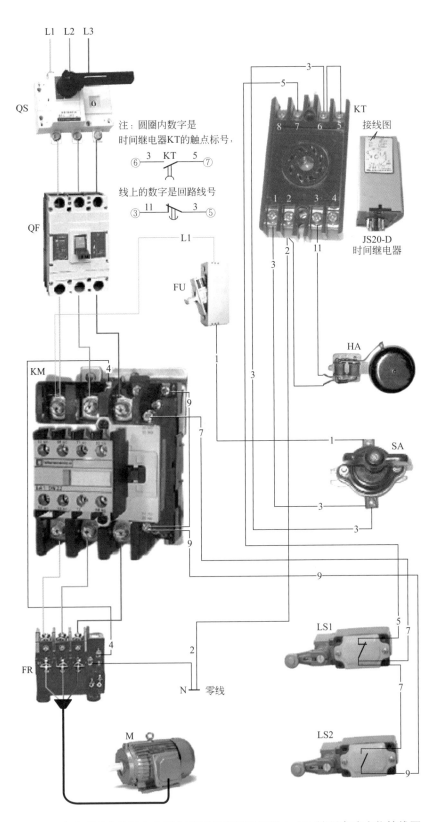

注：圆圈内数字是
时间继电器KT的触点标号，

线上的数字是回路线号

图6-8　有启动预告信号自复的行程开关直接启停的上水泵控制电路实物接线图

例 **097**

行程开关与按钮操作可选的220V控制电路

这是有手动操作与行程开关自动启停电动机的控制电路，是通过改变操作选择开关的位置，达到对水泵的手动操作和自动控制之目的。其原理图见图6-9，实物接线图见图6-10。开关SA有三个位置"Ⅰ"、"0"、"Ⅱ"。

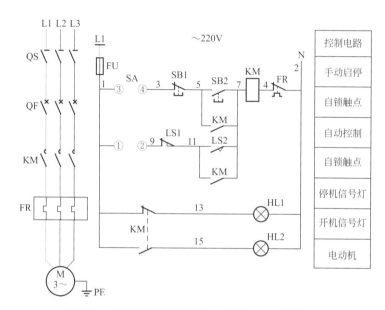

图6-9　行程开关与按钮操作可选的220V控制电路

　**电路工作原理**

（1）水泵自动控制

a. 回路送电操作顺序　送电前，应检查浮筒撞板在两个行程开关的中间位置或控制开关SA在断开"0"位置，方可进行电动机主回路与控制电路送电的操作：合上三相隔离开关QS；合上主回路断路器QF；合上控制回路熔断器FU。

b. 水泵的自动控制　选择自动控制方式时，将控制开关SA切换到自动位置，触点①、②接通，③、④断开。水泵在水位低时，自动启动运转。水泵在水位高时，自动停止运转。

当水位下降到规定位置时，浮筒撞板顶上行程开关LS2时，动合触点LS2闭合，电源L1相→控制回路熔断器FU→1号线→控制开关SA触点①、②接通→9号线→行程开关LS1动断触点闭合→11号线→行程开关LS2动合触点闭合→7号线→接触器KM线圈→4号线→热继电器FR的动断触点→2号线→电源N极，构成220V电路。

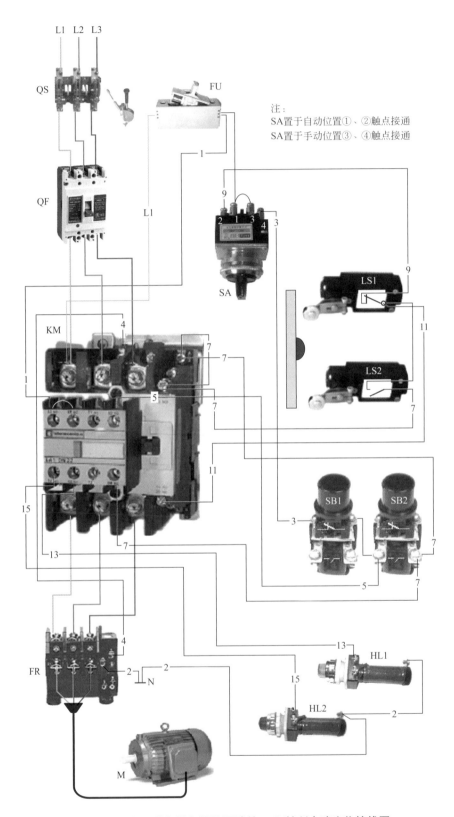

注：
SA置于自动位置①、②触点接通
SA置于手动位置③、④触点接通

图6-10 行程开关与按钮操作可选的220V控制电路实物接线图

接触器KM线圈得到交流220V的工作电压动作，接触器KM动合触点闭合（将启动按钮SB2动断触点短接）自保，维持接触器KM的工作状态。接触器KM三个主触点同时闭合，电动机M绕组获得按L1、L2、L3相序排列的三相380V交流电源，电动机M启动运转，所驱动的机械设备水泵投入工作。

自动运转回路KM自保电路原理：由于接触器KM动合触点闭合，电源L1相→控制回路熔断器FU→1号线→控制开关SA触点①、②→9号线→行程开关LS1动断触点→11号线→闭合的接触器KM动合触点→7号线→接触器KM线圈→4号线→热继电器FR的动断触点→2号线→电源N极，构成220V电路。维持接触器KM控制电路接通，实现自保。

c. 自动停泵　当水位上升到规定位置，浮筒撞板上升，碰上行程开关LS1，其动断触点断开，切断接触器KM电路，接触器KM断电释放，接触器KM主回路中的三个触点断开，电动机脱离电源停止运转，水泵停止工作。

（2）水泵启停的手动操作

a. 手动启动水泵　将控制开关SA切换到手动位置，触点③、④接通，触点①、②断开。按下启动按钮SB2，电源L1相→控制回路熔断器FU→1号线→控制开关SA触点③、④→3号线→停止按钮SB1动断触点→5号线→启动按钮SB2动合触点（按下时闭合）→7号线→接触器KM线圈→4号线→热继电器FR的动断触点→2号线→电源N极，构成220V电路。

手动运转回路KM自保电路原理：由于接触器KM动合触点闭合，电源L1相→控制回路熔断器FU→1号线→控制开关SA触点③、④→3号线→停止按钮SB1的动断触点→5号线→闭合的接触器KM动合触点→7号线→接触器KM线圈→4号线→热继电器FR的动断触点→2号线→电源N极，构成220V电路。维持了接触器KM控制电路的接通，实现自保。

接触器KM线圈得到交流220V的工作电压动作，接触器KM动合触点闭合（将启动按钮SB2动合触点短接）自保，维持接触器KM的工作状态。接触器KM的三个主触点同时闭合，电动机M绕组获得按L1、L2、L3相序排列的三相380V交流电源，电动机启动运转，所驱动的机械设备水泵投入工作，所驱动的机械设备运行。

b. 停止水泵　有两种停泵方法：将控制开关SA切换到零位，触点③、④断开，切断控制电路，接触器KM断电释放，接触器KM三个主触点同时断开，电动机断电停止运转，水泵停止工作；按下停止按钮SB1，其动断触点断开，切断控制电路，接触器KM断电释放，接触器KM三个主触点同时断开，电动机M断电停止运转，水泵停止工作。

（3）过负荷停机

电动机过负荷时，主回路中的热继电器FR动作，热继电器FR的动断触点断开，切断接触器KM线圈控制电路，接触器KM线圈断电释放，三个主触点同时断开，电动机绕组脱离三相380V交流电源停止转动，水泵停止工作。

例 098 二次保护、双电流表、行程开关直接启停的排水泵电动机 220V 控制电路

原理图见图6-11，实物接线图见图6-12。

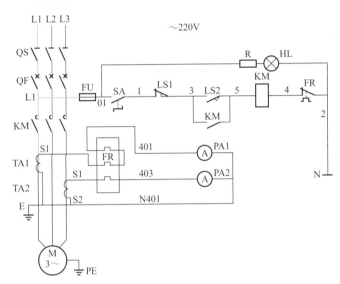

图6-11　二次保护、双电流表、行程开关直接启停的排水泵电动机220V控制电路

电路工作原理

合上三相隔离开关QS；合上主回路断路器QF；合上控制回路熔断器FU，电源信号灯 HL得电亮灯，水泵具备启动条件。

水泵运转：当储水罐水位上升到规定位置时，浮筒撞板顶上行程开关LS2时，动合触点 LS2闭合，电源L1相→控制回路熔断器FU→01号线→控制开关SA接通的触点→1号线→ 行程开关LS1动断触点→3号线→闭合中的行程开关LS2动合触点→5号线→接触器KM线 圈→4号线→热继电器FR的动断触点→2号线→电源N极。

接触器KM线圈得到交流220V的工作电压动作，接触器KM动合触点闭合（将行程开 关LS2动合触点短接）自保，维持接触器KM的工作状态。接触器KM三个主触点同时闭 合，电动机绕组获得按L1、L2、L3相序排列的三相380V交流电源，电动机M启动运转， 所驱动的机械设备水泵投入排水工作。当水位下降时，浮筒撞板随之下落。

电路自保原理：水位开始回落，虽然浮筒上的撞板回落，离开行程开关LS2时，动合触 点LS2断开，但由于接触器KM动合触点的闭合，电源L1相→控制回路熔断器FU→01号线 →控制开关SA接通的触点→1号线→行程开关LS1动断触点→3号线→闭合的接触器KM动 合触点（将行程开关LS2动合触点短接）→5号线→接触器KM线圈→4号线→热继电器FR 的动断触点→2号线→电源N极。构成220V电路，维持了接触器KM控制电路接通，实现 自保。

　　当水位下降到规定位置，浮筒撞板下落，碰上行程开关LS1，其动断触点断开，接触器KM电路断电释放，接触器KM主回路中的三个主触点同时断开，电动机M脱离电源停止运转，水泵停止工作。

　　水泵运转中，浮筒撞板在启动与停止之间的位置，要停下水泵，断开控制开关SA或用手碰行程开关LS1的拐臂，其动断触点断开，或取下控制熔断器FU，切断控制电路，接触器KM断电释放，三个主触点同时断开，电动机M断电停止运转，水泵停止抽水。

　　电动机过负荷时，主回路中的热继电器FR动作，热继电器FR的动合触点断开，切断接触器KM线圈控制电路，接触器KM断电释放，三个主触点同时断开，电动机M绕组脱离三相380V交流电源停止转动，所拖动的机械设备停止工作。

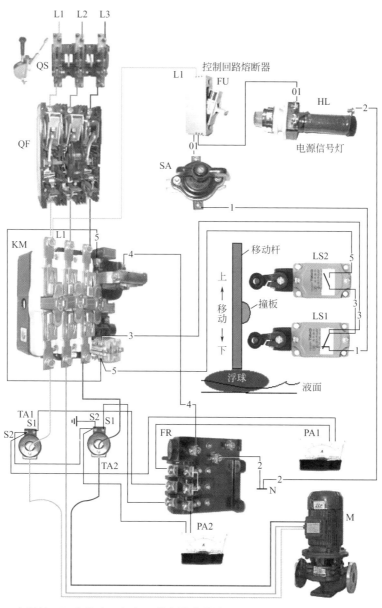

图6-12　二次保护、双电流表、行程开关直接启停的排水泵电动机220V控制电路实物接线图

例 **099**

有过载信号、人为终止、行程开关直接启停的220V控制电路

原理图见图6-13，实物接线图见图6-14。水位高停止、水位低启动水泵，用于水塔的上水控制。

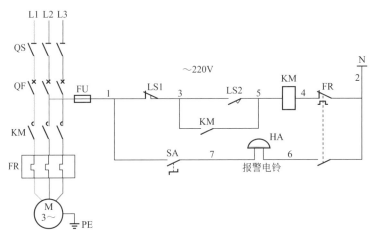

图6-13 有过载信号、人为终止、行程开关直接启停的220V控制电路

电路工作原理

电动机主回路送电与控制电路，送电操作顺序如下：合上三相隔离开关QS；合上开关箱内主回路断路器QF；合上开关箱内控制回路熔断器FU。

（1）水泵运转

当水位低到规定位置时，浮筒撞板碰上行程开关LS2时，动合触点LS2闭合，电源L1相→控制回路熔断器FU→1号线→行程开关LS1动断触点→3号线→闭合的行程开关LS2动合触点→5号线→接触器KM线圈→4号线→热继电器FR的动合触点→2号线→电源N极，构成220V电路。

接触器KM线圈得到交流220V的工作电压动作，接触器KM动合触点闭合自保，维持接触器KM的工作状态。接触器KM三个主触点同时闭合，电动机M绕组获得按L1、L2、L3相序排列的三相380V交流电源，电动机M启动运转，所驱动的机械设备水泵投入工作，向水塔上的水罐上水。

浮筒撞板上升，离开行程开关LS2时，接触器KM动合触点在动合触点LS2断开前已经闭合，电源L1相→控制回路熔断器FU→1号线→行程开关LS1动断触点→3号线→接触器KM动合触点→5号线→接触器KM线圈→4号线→热继电器FR的动断触点→2号线→电源N极，构成220V电路，维持了接触器KM控制电路接通，实现自保。

（2）水泵自动停止

当水位上升到规定位置，浮筒撞板上升，碰上行程开关LS1，其动断触点断开，接触器KM控制电路断电释放，接触器KM主回路中的三个触点断开，电动机M脱离电源停止运转，水泵停止工作。

（3）电动机过负荷停机

电动机M过负荷时，主回路中的热继电器FR动作，热继电器FR的动断触点断开，切断接触器KM线圈控制电路，接触器KM断电释放，三个主触点同时断开，电动机M绕组脱离三相380V交流电源停止转动，所拖动的机械设备停止工作。

热继电器FR动作，热继电器FR的动合触点闭合，电源L1相→控制回路熔断器FU→1号线→铃响终止开关SA触点→7号线→电铃HA线圈→6号线→闭合的热继电器FR的动合触点→2号线→电源N极，构成220V电路，电铃HA线圈得电，铃响报警。操作人员断开铃响终止开关SA，其触点断开，铃响终止。电工处理后，按下热继电器FR的复位键，热继电器FR动断触点复位接通。

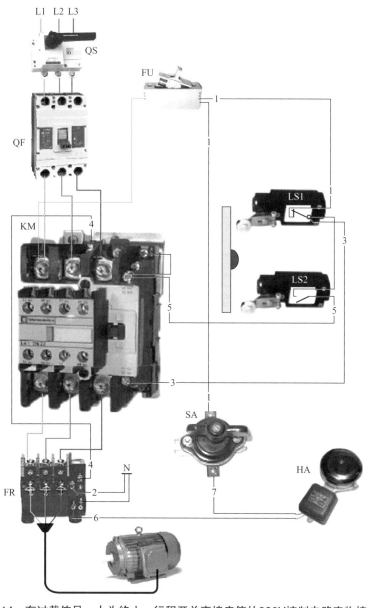

图6-14 有过载信号、人为终止、行程开关直接启停的220V控制电路实物接线图

例 **100**

既可手动启停又可行程开关自动启停的380V控制电路

原理图见图6-15，实物接线图见图6-16。水位高停止、水位低启动水泵，这个控制电路通过行程开关实现自动控制，通过按钮实现手动启停。

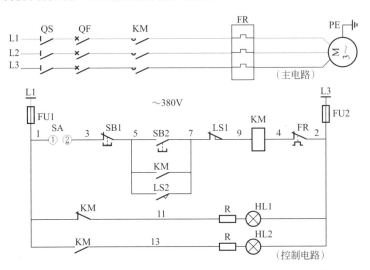

图6-15　既可手动启停又可行程开关自动启停的380V控制电路

 **电路工作原理**

合上三相隔离开关QS；合上主回路断路器QF；合上控制回路熔断器FU1、FU2；合上控制开关SA触点①、②接通。这时，进入两种混合控制方式。

（1）通过按钮手动启停电动机

需要启动电动机（泵）时，按下启动按钮SB2，电源L1相→控制熔断器FU1→1号线→控制开关SA触点①、②接通→3号线→停止按钮SB1动断触点→5号线→启动按钮SB2动合触点（按下时闭合）→7号线→行程开关LS1动断触点→9号线→接触器KM线圈→4号线→热继电器FR动断触点→2号线→控制熔断器FU2→电源L3相。接触器KM线圈得到380V的电压动作，主电路中的接触器KM三个主触点同时闭合，电动机M绕组获得三相380V交流电源，电动机运转驱动机械设备工作。

需要停机时，按一下停止按钮SB1，其动断触点断开，接触器KM电路断电释放，接触器KM主回路中的三个触点同时断开，电动机M脱离电源停止运转，水泵停止工作。

（2）通过行程开关自动控制

控制开关SA在合位，只要水位上升到规定位置时，浮筒撞板顶上行程开关LS2时，动合触点LS2闭合，电源L1相→控制熔断器FU1→1号线→控制开关SA触点①、②接通→3号线→停止按钮SB1动断触点→5号线→闭合的行程开关LS2动合触点→7号线→行程开关LS1动断触点→9号线→接触器KM线圈→4号线→热继电器FR动断触点→2号线→控制熔断器FU2→电源L3相。接触器KM线圈得到380V的电压动作，主电路中的接触器KM三个主触点同时闭合，电动机M绕组获得三相380V交流电源，电动机运转驱动机械设备工作。

（3）水泵自动停止

当水位下降到规定位置，浮筒撞板下落，碰上行程开关LS1，其动断触点断开，接触器KM电路断电释放，接触器KM主回路中的三个触点同时断开，电动机M脱离电源停止运转，水泵停止工作。如果浮筒撞板处于行程开关LS1、LS2之间，需要停泵，只要按一下停止按钮SB1，其动断触点断开，接触器KM电路断电释放，接触器KM主回路中的三个触点同时断开，电动机M脱离电源停止运转，水泵停止工作。

（4）电动机过负荷停机

电动机M过负荷时，主回路中的热继电器FR动作，热继电器FR的动断触点断开，切断接触器KM线圈控制电路，接触器KM断电释放，三个主触点同时断开，电动机M绕组脱离三相380V交流电源停止转动，所拖动的机械设备停止工作。

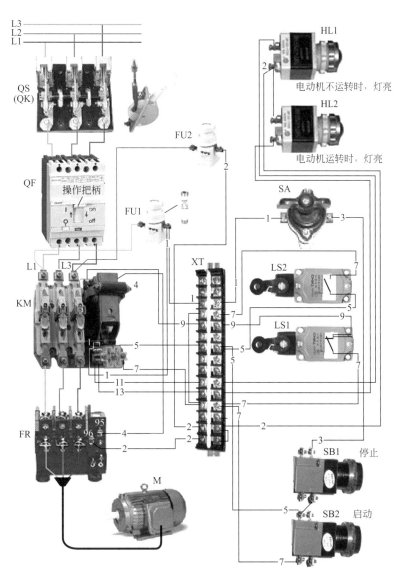

图6-16 既可手动启停又可行程开关自动启停的380V控制电路实物接线图

过载保护、有状态信号灯、行程开关触点启停的127V控制电路

原理图见图6-17，实物接线图见图6-18。水位高停止、水位低启动水泵，这个控制电路通过行程开关实现自动控制。

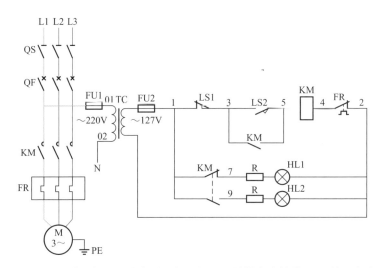

图6-17　过载保护、有状态信号灯、行程开关触点启停的127V控制电路

电路工作原理

合上主回路中的隔离开关QS；合上主回路中的断路器QF；合上变压器一次控制回路中的熔断器FU1，控制变压器T投入，合上控制熔断器FU2，控制变压器T二次向电动机控制回路提供127V的工作电源，可以随时根据需要启停电动机。

当运动器件接触行程开关LS2，其动合触点闭合，控制变压器T二次127V绕组的一端→控制熔断器FU2→1号线→行程开关LS1动断触点→3号线→行程开关LS2动合触点→5号线→接触器KM线圈→2号线→变压器TC绕组的另一端，接触器KM线圈形成127V的工作电压，接触器KM线圈得到127V的电压动作，主电路中的接触器KM三个主触点同时闭合，电动机M绕组获得三相380V交流电源，电动机运转驱动机械设备工作。KM动合触点闭合→9号线→信号灯HL2得电，亮灯表示电动机运转中。

当运动器件离开行程开关LS2时，接触器KM动合触点已经闭合，控制变压器T二次127V绕组的一端→控制熔断器FU2→1号线→行程开关LS1动断触点→3号线→闭合的接触器KM动合触点→5号线→接触器KM线圈→2号线→变压器T绕组的另一端，接触器KM线圈形成127V的工作电压，通过KM的动合触点，维持了接触器KM吸合的工作状态。

当水位上升到规定位置，浮筒撞板上升，碰上行程开关LS1，其动断触点断开，接触器KM控制电路断电释放，接触器KM主回路中的三个触点断开，电动机M脱离电源停止运

转，水泵停止工作。

电动机M过负荷时，主回路中的热继电器FR动作，热继电器FR的动断触点断开，切断接触器KM线圈控制电路，接触器KM断电释放，三个主触点同时断开，电动机M绕组脱离三相380V交流电源停止转动，所拖动的机械设备停止工作。

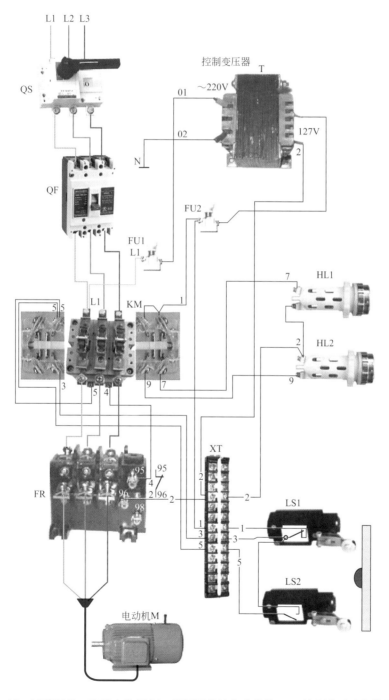

图6-18 过载保护、有状态信号灯、行程开关触点启停的127V控制电路实物接线图

参考文献

[1] 黄北刚. 低压电动机控制电路与实际接线详解. 北京：化学工业出版社，2010.

[2] 黄北刚. 实用电工电路300例. 北京：中国电力出版社，2011.

[3] 黄义峰. 黄北刚编著. 常用电气控制电路300例. 北京：化学工业出版社，2011.

[4] 于新华，祝传海，黄北刚. 图解电动机控制电路200例. 北京：科学出版社，2012.

化学工业出版社电气类图书推荐

书 号	书 名	开 本	装 订	定价/元
06669	电气图形符号文字符号便查手册	大32	平装	45
06935	变配电线路安装技术手册	大32	平装	35
10561	常用电机绕组检修手册	16	平装	98
10565	实用电工电子查算手册	大32	平装	59
16475	低压电气控制电路图册（第二版）	16	平装	48
03742	三相交流电动机绕组布线接线图册	大32	平装	35
12759	电机绕组接线图册（第二版）	横16	平装	68
05718	电机绕组布线接线彩色图册	大32	平装	49
08597	中小型电机绕组修理技术数据	大32	平装	26
13422	电机绕组图的绘制与识读	16	平装	38
15058	看图学电动机维修	大32	平装	28
05081	工厂供配电技术问答	大32	平装	25
15249	实用电工技术问答（第二版）	大32	平装	49
00911	图解变压器检修操作技能	16	平装	35
12806	工厂电气控制电路实例详解（第二版）	16	平装	38
04212	低压电动机控制电路解析	16	平装	38
04759	工厂常见高压控制电路解析	16	平装	42
08271	低压电动机控制电路与实际接线详解	16	平装	38
01696	图解电工操作技能	大32	平装	21
15342	图表细说常用电工器件及电路	16	平装	48
15827	图表细说物业电工应知应会	16	平装	49
15753	图表细说装修电工应知应会	16	平装	48
15712	图表细说企业电工应知应会	16	平装	49
16559	电力系统继电保护整定计算原理与算例（第二版）	B5	平装	38
09682	发电厂及变电站的二次回路与故障分析	B5	平装	29
05400	电力系统远动原理及应用	B5	平装	29
04516	电气作业安全操作指导	大32	平装	24
06194	电气设备的选择与计算	16	平装	29
08596	实用小型发电设备的使用与维修	大32	平装	29
10785	怎样查找和处理电气故障	大32	平装	28
11454	蓄电池的使用与维护（第二版）	大32	平装	28
11271	住宅装修电气安装要诀	大32	平装	29

书 号	书 名	开 本	装 订	定价/元
11575	智能建筑综合布线设计及应用	16	平装	39
11934	全程图解电工操作技能	16	平装	39
12034	实用电工电子控制电路图集	16	精装	148
12759	电力电缆头制作与故障测寻（第二版）	大32	平装	29.8
13862	电力电缆选型与敷设（第二版）	大32	平装	29
09381	电焊机维修技术	16	平装	38
14184	手把手教你修电焊机	16	平装	39.8
13555	电机检修速查手册（第二版）	B5	平装	88
13183	电工口诀——详解版	16	平装	48
12880	电工口诀——插图版	大32	平装	18
12313	电厂实用技术读本系列——汽轮机运行及事故处理	16	平装	58
13552	电厂实用技术读本系列——电气运行及事故处理	16	平装	58
13781	电厂实用技术读本系列——化学运行及事故处理	16	平装	58
14428	电厂实用技术读本系列——热工仪表与及自动控制系统	16	平装	48
14478	电子制作技巧与实例精选	16	平装	29.8
14807	农村电工速查速算手册	大32	平装	49
13723	电气二次回路识图	B5	平装	29
14725	电气设备倒闸操作与事故处理700问	大32	平装	48
15374	柴油发电机组实用技术技能	16	平装	78
15431	中小型变压器使用与维护手册	B5	精装	88
16590	常用电气控制电路300例（第二版）	16	平装	48
15985	电力拖动自动控制系统	16	平装	39
15777	高低压电器维修技术手册	大32	精装	98
15836	实用输配电速查速算手册	大32	精装	58
16031	实用电动机速查速算手册	大32	精装	78
16346	实用高低压电器速查速算手册	大32	精装	68
16450	实用变压器速查速算手册	大32	精装	58
16151	实用电工技术问答详解（上册）	大32	平装	58
16802	实用电工技术问答详解（下册）	大32	平装	48

以上图书由化学工业出版社 电气出版分社出版。如要以上图书的内容简介和详细目录，或者更多的专业图书信息，请登录 www.cip.com.cn。

地　　址：北京市东城区青年湖南街13号（100011）

购书咨询：010-64518888

如要出版新著，请与编辑联系。

编辑电话：010-64519265

投稿邮箱：gmr9825@163.com